宇宙のつくり方

HOW TO BUILD A UNIVERSE by Ben Gilliland

First published in the UK in 2015 by
Philip's, a division of Octopus Publishing Group Ltd
Octopus Publishing Group, Carmelite House,
50 Victoria Embankment, London, EC4Y 0DZ
Copyright © Octopus Publishing Group 2014
All rights reserved.
Ben Gilliland asserts the moral rights to be identified as the author of
this work.

Japanese translation rights arranged with Octopus Publishing Group
Ltd., London
through Tuttle-Mori Agency, Inc., Tokyo

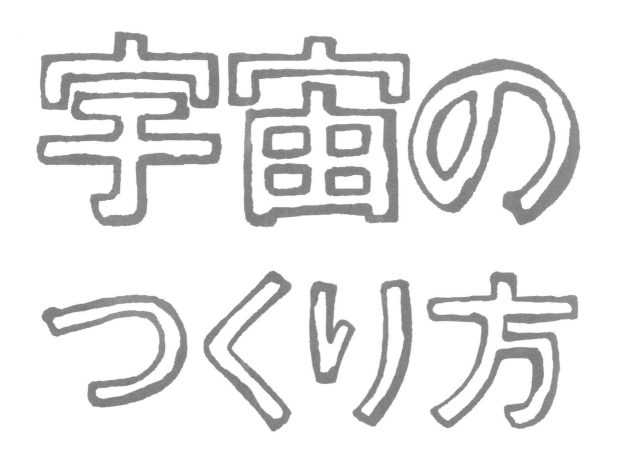

ベン・ギリランド 著

真貝寿明・鳥居隆 訳

丸善出版

もくじ

- はじめに　　　　　　　　　　　　6
- こうしてビッグバンは発見された　　8
- 宇宙誕生　　　　　　　　　　　　30
- 原子はこうして見つかった　　　　52
- 宇宙のフォース(力)は強い　　　　70
- スター誕生　　　　　　　　　　　88
- 星の一生と死　　　　　　　　　108
- 銀河の庭師たちに会おう　　　　132
- 太陽系の料理法　　　　　　　　160
- 終わり…本当に？　　　　　　　194
- 用語集　　　　　　　　　　　　212
- 索引　　　　　　　　　　　　　218

はじめに

あなたの「奇跡」

　初めて人類が自分の存在について考え始めたとき，おそらく敵対する世界もそうだっただろう．狩猟民として小さなグループで流浪している生活では，人間は自分で運命を決めることができず，自らの存在理由を考えてもそれは神の手によって決まるものと考えるしかなかった．つまるところ，短くて厳しい人生の悲哀を解決してくれるものは何もなく，奇跡的な幸運が解決してくれることを願うばかりだった．科学が誕生し，証拠を集めて仮説を検証する過程を通して，宇宙を支配する自然法則やしくみが次第にわかってきた．それまで奇跡とされていたことさえも，仮説検証や証拠，実験の成果として説明されるようになった．なぜここにあなたがいるのか．科学は数々の迷信さえも払い除けるようになり，このような最大の謎をも解明したのだ．

　あなたの旅は138億年前の，今日も昨日も存在しなかったような，時間と空間が始まる前からスタートする．どこでもない空間のどこかで，宇宙のすべてのエネルギーを含んだものが，素粒子よりも小さな領域に登場した．そして（その理由はいまだに不明のままだが）このエネルギーは突如として「ボカーーン」と解放されて宇宙が誕生した．宇宙ははじめ超高温で煮えたぎるプラズマ状態のスープだったが，膨張し，冷却され，スープ状態から粒子がつくり出された．これらの粒子は物質と，反物質という2つの種類にわかれた．もし，物質と反物質が同じ数だけつくり出されたならば，物質と反物質が対消滅して，宇宙はそこでおしまいだっただろう．しかし，私たちがまだ知り得ていない何らかの理由で，物質は反物質よりも少しだけ量が多く存在したため，宇宙は（そしてあなたは）こうして存在し続けることになったのだ．

　あなたが存在するということは，この時点では，まだ必然的な結果ではない．宇宙が膨張するにつれて，物質も散らばってゆく．（バケツを満たす水のように）もし均等に物質が広がっていったならば，永久にそのままで何も生じなかっただろう．幸いなことに膨張する宇宙は完全に均質ではなく，少しだけムラを許し，密度の高い場所に向けて重力がはたらくことになる．重力は物質をかき集めてガス雲をつくり，ガス雲はさらに重力収縮して核融合反応を引き起こすのに十分な熱と圧力をつくり出した．そして第一世代の星が誕生し，より原子番号の大きな元素もできて，あなたを構成する要素がそろうことになる．

　こうした化学の元素のすべてが星々の中心部にしまい込まれていたわけではない．幸いなことに，初期の星の中には質量の巨大な星があり，それらは寿命が短かった．それ

ゆえに重元素を合成し終わった星は超新星爆発によってその重元素を宇宙空間へまき散らす．物理法則が少しでも違っていれば，これらの星は十分に重くならず，「ドカーーん」とも爆発せずにいただろう．あなたをつくるはずの元素は，生焼けのまま，炭素のくすぶるランプの中に閉じ込められたままになっていたかもしれない．数十億年のあいだ，核融合がくり返され，銀河がつくられ，宇宙は生き延びて，天の川銀河のある1つの領域で次の奇跡の証人となる準備が整った．

およそ45億年前，何の変哲もない星のまわりで，ちりや氷でできた円盤から惑星が誕生する．溶けた溶岩に金属が沈み込んだ熱いボールのようなものではあったが，その中でもごくわずかなものが，星から完璧ともいえる距離に存在できた．つまり，オーブンの中で永遠に加熱されるほど近距離ではなく，氷の世界に閉じ込められるほど遠距離でもなかった．その惑星に生命が誕生するには，このような偶然が重なる必要があったが，まだそれだけではない．

火星サイズの惑星が形成され，それが地球の原型となる惑星に衝突して大量の岩石がまき散らされることから奇跡が始まる．この衝突で月ができた．月を形成する衝撃で地球の自転軸も傾き，太陽からの熱を一部の領域だけが受け取るようなことにはならず，月の重力は地球の自転のぐらつきを安定化させた．そうして，地球の天候は定常化し，生命活動が絶滅するほどの激変は防がれるようになる．月の誕生は，地球生命にとって完璧な母親だったのだ．しかしここでまだ話は終わらない．月の重力は地球で潮の満ち引きを起こし，毎日海岸を洗い流すようになる．潮の満ち引きが継続して（定期的に）起きることが，海岸での生命誕生を手助けしたと考えられている．

そしてあなたをつくり出すための最後の奇跡が起きる．どのような進化を引き起こしたメカニズムがあったにせよ，あなたの祖先となる一番初めの生物は単細胞生物である．あなたが今日そこに座ってこの本を読んでいられるのは，これまでの数え切れないいくつもの小さな偶然が積み重なっているのだ．38億年間，あなたの祖先は，遺伝子を次の世代に受け渡しながら，生き延びてきた．

これがどんなに特殊なことか考えてみよう．4億年以上のあいだに，どれだけ大量絶滅，捕食，疫病，社会的変動，戦争，飢餓があったのかを．あなたがここに存在するまでにどれだけ見えない糸でつながった偶然があったのかを．これこそが私がよぶ「奇跡」である．

この本では
本書では，エネルギーがどのようにして物質に変化したのか，物質から星や銀河やあなたをつくり出す反応がどのような物理法則によっているのかを描いていこう．そして，宇宙をつくる方法を理解するのに役立つ科学的な発見や理論の進展も紹介していこう．

こうしてビッグバンは発見された
(そして,こうして宇宙の大きさは測られた)

宇宙はじっと動かずに永久に同じ姿をしているのではない.「誕生」の瞬間があり,現在も成長を続けているのだ.私たち人類がこの真実にたどり着くまでに,どのようないきさつがあったのか見ていこう.

宇宙が「ビッグバン」(または、そのようなもの)によって生まれたという考え方は、比較的新しい。じつは、「ビッグバン」という名前は、ビッグバン理論に反対する人物に揶揄されたことが原因で命名された。しかし今日では、ビッグバン理論は科学の中で最も成功したアイデアのひとつになっている。いったいそれはどのようなもので、どのようにして生まれた考えなのだろうか。

　古代ギリシャの時代から、後の科学革命がおきるまでの約2000年間、宇宙に存在するすべてのものは、地球をとりまく天球面上にあり、(もちろん地球を中心にして)回転していると考えられていた。ここでいう天球面とは太陽系だけを指していて、太陽系が宇宙のすべての要素だと考えられていた。

　16世紀から17世紀にかけて、天文学者ニコラウス・コペルニクスやイタリアの有名な博学者ガリレオ・ガリレイらが登場し、科学が大きく進歩した。彼らは数学と観測を駆使して、地球や他の惑星が太陽のまわりを回っていることを証明してみせた。

　当時の重要な技術革新のひとつに天体望遠鏡の発明がある。もともとは珍しい道具を楽しむにすぎなかった望遠鏡だったが、それをはじめて空に向けたのは、あのガリレオ・ガリレイともう一人、それほど有名ではないイギリスの博学者トーマス・ハリオットで、1609年のことだった。(ハリオットは、ガリレオの記念碑的な月面観測の4ヵ月前に望遠鏡で眺めた月のスケッチを残しているが、イギリスにジャガイモを持ち込んで広めた男というほうが有名かもしれない)。

　天体望遠鏡によって見ることのできる宇宙のサイズが一気に広がった。ガリレオの観測によって夜空に広がる白い帯が無数の星の集まりであることも発見された。こうして、私たちの宇宙は天の川の大きさにまで広がったのだ。

太陽系を越えて

　数十年の間、望遠鏡は惑星や月、彗星などを静かに見つめていたが、次第に天の川銀河の外にある天体を探すために使われるようになった。1700年代の終わり頃、フランス人のシャルル・メシエは夜空にぼんやりと浮かぶ奇妙な天体をいくつも見つけるよう

♪きらきらひかる、お空の星よ（まぶしすぎ！）

星や銀河の赤方偏移（14ページ参照）が観測されたことは、宇宙が誕生した瞬間から、膨張し続けている証拠となった。だが、あなたが高級な望遠鏡を持っていなくて、しかも自宅にいながらにして同じ結論を導き出すことができるだろうか。

幸運にもひとつ、宇宙が無限でも不変でもないことがわかる簡単なやり方がある。それは雲のない夜空に顔を向け、（まわりが光の洪水に溺れていなければ）星がちりばめられた真っ暗な空をぼーっと眺めるだけでよい。もし宇宙が膨張せずに無限に広かったら、すべての星の光が……。

…ここからも…　ここからも…　ここからも…　ここからも…　…飛んできて、夜空は太陽のように輝くことだろう。

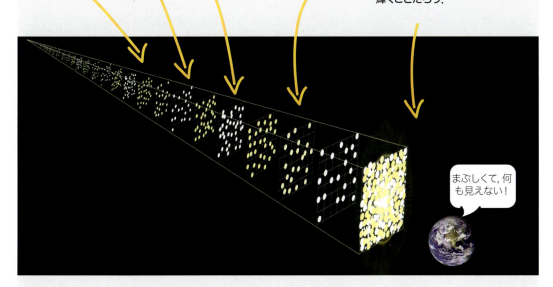

もし宇宙の大きさが無限で変化しなければ、宇宙には無限の数の星があり、それらをすべて地球から見ることができるのだ。

というのは、宇宙が無限の過去から存在していたなら、最も遠くの星の光でも無限の時間をかけて私たちに届き、宇宙が静的なら、そうした光は（異なるスペクトルへと引きのばされて可視光線からずれることなく）そのままやってくるからだ。

だから、無限の宇宙ではすべての星はどの地点からでも見えて、夜空は太陽のようにまばゆく輝くことになる。夜空の光では日焼けするなんて聞いたことがないだろう。つまり、宇宙は膨張しているのだ。

になった。彼はもともと新しい彗星の発見に興味があり（実際に生きている間に13個の彗星を発見した）、最初はこれらの天体も彗星だと思っていた。その後、メシエは彗星と間違わないようにこの不明瞭な天体のカタログをつくり始め、死ぬまでに正体不明の天

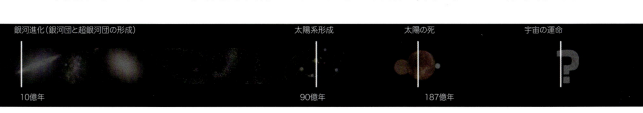

体103個の位置を図に記した. ただ, メシエ自身は自分が何をカタログしているのかわからないままだった. 続く200年のあいだも「メシエ天体」の正体はミステリーとして残された.

メシエ天体はいったい何者なのか, 19世紀までに2つの学説があった. ひとつは前世紀の偉大な天文学者ウィリアム・ハーシェルが支持したもので, それらは, 天の川銀河の外にある「島宇宙※1」という考えである. もうひとつは, 天の川銀河の中(もしくはすぐ外)にあるガスのかたまりという説で, こちらのほうが人気があった.

1860年代に, イギリスの天文学者ウィリアム・ハギンズは, 化学分野の手法だった分光法を利用してみようと考えた. 分光器は入射した光を色の構成要素に分ける装置で, 雨粒が太陽の光を虹色に分けるように, 光のスペクトルを広げて見せてくれる. その虹の中には何本もの明るい線と暗い線(輝線と吸収線という)がまぎれ込んでいて, これらは光が伝わってきた空間に化学物質が存在するのが原因で発生するため, その化学物質が何であるかを割り出すバーコード的な役割をしてくれる.

1789年, ウィリアム・ハーシェルと, 同じく天文学者の妹カロライン・ハーシェルにより建てられた「40フィート望遠鏡」. 場所はイギリスのスラウ. 50年間, 世界最大の望遠鏡だった.

ハギンズは分光学を駆使して太陽を構成する元素を特定し, そして他の星のバーコードを太陽のものと比べてみた. すると, 星のスペクトルは太陽とまったく同じバーコード型をしていることがわかった. これは遠くの星々が私たちの一番近くにある恒星, すなわち太陽と同じ化学元素の成分でつくられていることを意味している.

1864年の初め, ハギンズは分光器を約70個のメシエ天体に向けてスペクトルを調べた. その結果, およそ3分の1は星がつくるスペクトルではなく, ただの熱いガス雲のパターンを示した. しかし, 多数派である残りの天体は星だけがつくり出すスペクトルパターンを示していた. つまりメシエ天体の多くが星の集合だったのだ.

しかし, これらの星雲は天の川銀河の中に浮いている星の集まりなのか, それとももっと遠くの星々なのだろうか. 数十年間, 答えはわからなかった. 少なくとも, 宇宙の大きさが天の川銀河の中に留まっていたあいだは.

1920年代になって, アメリカの天文学者エドウィン・ハッブルがついにメシエのぼんや

※1 訳注:銀河のこと.

り天体の謎を解いた(23ページの「セファイドのものさし」を参照).彼はそれらが実際に銀河系,つまり,天の川銀河の中にあるのではなく,その外に存在する別の銀河であることを証明した.宇宙は突然,人類がそれまで考えていたよりもずっとずっとはるかに大きくなったのだ.

昨日のない日

ハッブルは膨張宇宙のアイデアを思いついたことで,しばしば高い評価を得ているが,ビッグバンの本当の生みの親はベルギー出身のカトリック司祭,ジョルジュ・ルメートルである(神が宇宙をつくったことを啓蒙する職業に就いていたルメートルにとって,膨張宇宙の生みの親とよばれるのは少し皮肉だが).

1927年,ルメートルは遠方にある銀河のスペクトルが赤寄りにずれている,つまり赤方偏移しているのは,宇宙がすべての方向に膨張し,その膨張に乗って遠くの銀河が私たちから離れ続けているからである,と提唱した.

一般相対性理論とハッブルの法則

望遠鏡に一度もさわったことのない男が,ルメートルより10年早く宇宙は膨張していなければならないという結論に到達していた.1915年,アルベルト・アインシュタインは一般相対性理論を完成させた.これは,質量やエネルギーによる重力と時空間の曲率を表す理論である(83ページで詳しく説明する).一般相対性理論の方程式を用いると宇宙は膨張するか,または収縮するかのどちらかであり,ずっと同じ大きさ(静的という)ではあり得ないことがわかる.しかし,アインシュタインはこれは間違いに違いないと考え,宇宙のバランスをとるために自らの方程式に数学的なトリックを仕込んだ.彼はそれを宇宙定数とよんだ.後に彼自身が「生涯最大の間違い」と取り消したものである.(しかしながら,宇宙定数はアインシュタインがいったような大間違いではないことがこの本の後のほうでわかる.)

1929年,エドウィン・ハッブルは銀河が地球に対して本当に後退していることを示し,ルメートルの膨張宇宙の理論が正しいという観測的証拠を与えた.さらに,より遠くの銀河のほうが赤方偏移の程度が大きく,より速いスピードで遠ざかっていることもあきらかにした.これによりハッブルは,今ではハッブルの法則として知られている銀河の赤方偏移と距離との関係を定式化した.

しかしながら,銀河はいったい「どのように」私たちから遠ざかっているのだろうか.爆

クイック&レッド[※2]

エドウィン・ハッブルら天文学者が遠方の銀河から届いた光のスペクトルを調べたとき,彼らはその光が本来あるべき色よりも赤く見えることに気がついた.さらにハッブルはより遠方の銀河ほど,より赤くなっていることを発見した.

可視光線は電磁スペクトルの一部の波長帯で,赤い側の光は青い側にある光よりも,波長が長くなっている.

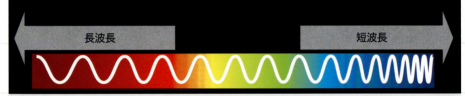

どういうわけか,遠方の銀河から来た光は波長が引きのばされて,スペクトルの赤い側へとずれる(赤方偏移という).銀河が実際に動いている,というのが鍵だ.

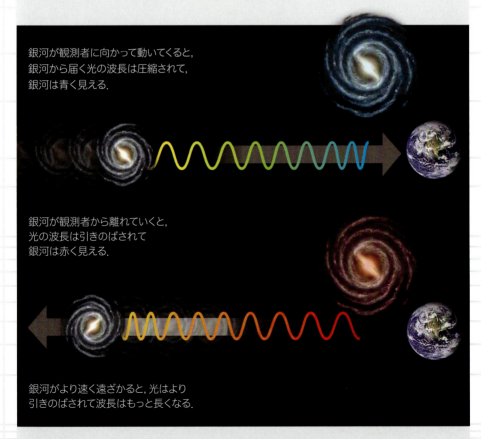

銀河が観測者に向かって動いてくると,銀河から届く光の波長は圧縮されて,銀河は青く見える.

銀河が観測者から離れていくと,光の波長は引きのばされて銀河は赤く見える.

銀河がより速く遠ざかると,光はより引きのばされて波長はもっと長くなる.

遠くの銀河ほど赤く見えるのは,それらが近くの銀河よりも速く遠ざかっているからである.

※2 訳注:1995年公開の日米合作映画「クイック&デッド」をもじっている.

弾の金属片のように，宇宙空間をピューっと飛んでいると思われがちだが，そうではない．アインシュタイン方程式を丁寧に計算していくと，ハッブルの法則が実際に示しているのは銀河が宇宙空間を飛んでいくというより，空間自体の膨張によって銀河が運ばれている，という描像が正しい（膨らんでくるカップケーキの表面についたチョコチップに似ている）．

膨張する宇宙

遠くの銀河ほど大きな赤方偏移を示すのは，その後退する速さが距離とともに増大するからだ．つまり，遠くの銀河ほど，より速く移動している．
この事実は宇宙がひとつの点（ビッグバン）から膨張し続けていることの，直接的な証拠となる．

1 宇宙を膨張する泡だと考えてみよう．

2 宇宙が銀河を乗せて膨張すると，観測者から一番遠くの銀河が最も速く離れていく．そして赤方偏移が一番大きくなる．

3 もし宇宙がひとつの点からではなく，どこの場所でも動く歩道に乗って運ばれるように膨張していると考えるなら，すべての銀河は同じ速さで遠ざかることになり，赤方偏移の量は同じ大きさになる．

宇宙の深部を撮影したこの画像には，いくつもの銀河が写っている．丸で囲んだ銀河は周囲の銀河よりも赤いので，（小さいからではなく）非常に遠くにあることがわかる．

原始的原子

すべての銀河が私たちから離れて後退していくのは,宇宙全体が,銀河を乗せて膨張しているからだ.この新説を提唱した最初の人物がジョルジュ・ルメートルだ.

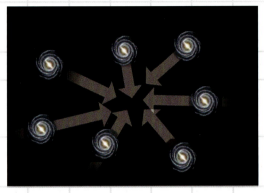

彼は次のように考えた.銀河がどんどん離れているなら,以前は互いにもっと近づいていたはずだ.だから,時間をさかのぼると,銀河どうしはますます近くなり,ひとつの小さな物体に収束するに違いない.彼はこの物体を原始的原子とよんだ.

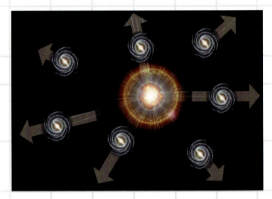

それから彼は仮想的な時計を再びスタートさせ,原始的原子から爆発する宇宙を考えた.それは後にビッグバンとよばれるようになった.

宇宙誕生の前には何があったのか

この問いに対する短い答えは,宇宙が「飛び出して」くる前は何もなかった,である.しかし,長い答えのほうははるかにややこしい.それは宇宙の物語の中で私たちがこれから出くわす直観では理解できない多くの不可解な概念の中で,おそらく一番難解なものだろう.

「無の状態」から何かが現れた,というときには,そもそも「何か」がなかったことを暗示している.しかし,ビッグバンですべてのものが生み出されたのである.そのときまで「何か」は存在する可能性すらなかったから,「無の状態」ということ自体がないのである.

また,「無の状態」というとき,私たちはまず空間をイメージして,その中のある領域に「何か」がないという状態を想像する(空気を抜いたガラス瓶のように).しかし,「空間」そのものがビッグバンで生まれるので,「何か」が存在しない,ということ自体が成立しない.

さらに,ビッグバンの前に……と質問することもじつは意味がない.というのは,「時間」も存在しなかったからだ.「時間」は空間と物質とともに生み出されるから,ビッグバンの前に「時間」はあり得なかったのだ.

原始的原子

　1927年，ジョルジュ・ルメートルは次のように考えた．銀河どうしが互いに離れ続けているということは，過去にはそれらはより近くにいたはずである．彼は宇宙の時計を巻き戻しながら，さらに想像を巡らせた，銀河はより近く，より近くへと接近していく．そして最後にはすべての銀河がひとつの小さな物体へと収縮していった．ルメートルはこれを原始的原子と名づけた（ただ，この「原子」は太陽のおよそ30倍の大きさだった）．

　原始的原子という思いつきから，ルメートルは宇宙の始まりとして打ち上げ花火が破裂するようなイメージを思い描いた．銀河は花火の中心からパーッと球状に広がっていく燃えさし[※3]である．この宇宙の花火はいつ爆発したのか．それはもちろん「昨日のない日」である．つまり，時間の始まりだ．

　一度は膨張宇宙の解を導いていたにもかかわらず，アルベルト・アインシュタインはルメートルに対して「あなたの計算は正しい，しかし，物理学の理解はお粗末だ」といって彼のアイデアを受け入れなかった．しかし，最終的にはアインシュタインは意見を翻し，「宇宙創生の最も美しく，最も満足のいく解釈である」と讃えている．

　原始的原子から生まれた膨張宇宙論に対してアインシュタインは賛成側に回ったが，すべての研究者が簡単に受け入れたわけではなかった．攻撃の先陣に立ったのは3人の宇宙物理学者仲間，フレッド・ホイルとトーマス・ゴールド，そしてヘルマン・ボンディだった．1948年，彼らは対抗して「定常宇宙論」を支持した．彼らの考えは，宇宙が膨張するにしたがって，広がっていく隙間（空間）を（星や銀河などの）物質が継続的に生み出されて埋めていく，というものだ．そして現在の宇宙は数十億年過去の宇宙と同様であり，また，数十億年未来にもわたって不変である．宇宙は始まりを持たず，また終わりもない．ただ，「存在する」だけだ，という説である．

　1949年，ホイルはラジオ番組で原始的原子説について論じているときに，軽蔑したようにそれを「that Big Bang idea（大々々爆発するアイデア）」とよんだ．この印象が強烈だったから，それ以来，原始的原子説はビッグバン理論として知られることになったのである[※4]．

宇宙マイクロ波背景放射

　その後，十数年にわたってさまざまな立場から議論が持ち上がったが，ビッグバン理論は着実に信奉者を増やしていった．ローマ教皇ピウス12世もその中のひとりで，教皇はビッグバンは創造主の存在を支持していると（かなり楽観的に）考えていたようだ．

※3 訳注：花火では「星」という．
※4 訳注：当時，膨張宇宙論派で「火の玉宇宙」と名付けていたジョージ・ガモフが，ホイルの揶揄したビッグバンという名前を好んで使い始めた．

　そして1964年，宇宙マイクロ波背景放射（Cosmic Microwave Background Radiation：CMB）の発見が定常宇宙論にとどめを刺した．CMBはビッグバンが生み出したエネルギーの残光で，それが現在宇宙でも背景の放射として生き残っているという考え方だ．その存在についてはしばらく前の1948年に，すでにウクライナ生まれの宇宙物理学者ジョージ・ガモフによって，ビッグバン理論に基づく考察から予言されていたのだ．

　1964年，宇宙創生のときにつくられた古代の遺物が（偶然ではあるけれども）検出されたとき，ついにビッグバン理論は宇宙の起源を最もうまく説明できる理論となった．その後，現在まで続く数十年のあいだ，ビッグバン理論はあらゆる反論にも耐え，今では現代科学の中で最も成功した理論のひとつになっている．

　しかしながら，天文学者が宇宙のスケールを正確に測定する方法を考え出さなければ，こうした発見はまったく不可能だっただろう．天体までの距離を測れなかったら，星や銀河がどれくらいの速さで地球から遠ざかっているのかわからず，宇宙の時計を巻き戻して宇宙が誕生した138.2億年前にしたところで，すべての天体が1点に集まっていたという考えにも思い至らなかっただろう．そこで，天体までの距離を教えてくれる方法を説明するために，少しばかり特別授業の時間をとることも有意義だろう……．

宇宙の測り方

　19世紀に入っても天文学者は，火星や金星などの比較的近くにある天体までの距離を測るのさえ四苦八苦していて，はるか遠くの恒星や星雲までの距離などはどこかの誰かが勝手に考えたにすぎなかった．

　これまで見てきたように，17世紀の望遠鏡の発明によって，星空の観測では新たなフロンティアが広がった．裸眼でかろうじて見ることができた光の点が，突如として惑星や衛星，彗星へ変わったのである．ところが，私たちの目の前に広大な宇宙空間が広がっているとしても，科学者たちはそこまで歩いていくことも，巻き尺を引っ張っていくことも，反射テープ付きの作業着を着て道路工事をする作業員のように，目的物までの距離を測る「車輪のついた棒」を使うこともできるわけがない．いったいどうやって，彼らは宇宙空間で正確に距離を測ったのだろうか．

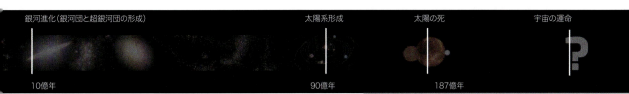

銀河進化(銀河団と超銀河団の形成)		太陽系形成	太陽の死	宇宙の運命
10億年		90億年	187億年	

慈悲なるエンジェル: それは角度[※5]

比較的近くの物体に対しては，簡単な数学のトリックを使えば答えを出すことができる．それはサイン・コサイン・タンジェントだ．だが，高校数学での記憶がよみがえってパニックになる読者が出てくる恐れがあるので，ここでは単に「視差法」とよぶことにしよう．

視差による効果は，次のようにすると今すぐ簡単に体験することができる：

1. 人さし指を鼻の前10cmくらいのところに立てて，片目を閉じる．
2. 人差し指の先端が後ろの景色のどこを指しているかを覚えておく．
3. 片目を閉じて指を見る．そして次に逆の目で見る．すると，指の先が最初とは違う位置に飛んでいるのがわかるだろう．（あなたがキュクロプス[※6]だったらこの方法はうまくいかない．）

この「飛び」は，両目が数センチ離れているために，それぞれ少し異なる方向から指先を見ることで生じている（この指を使った視差法の実験は，公共の場ではおすすめできない．指を立てて大きくウィンクすると……[※7]）．

この視差による動きを測って単純な幾何学を使うと，あなたの目（または，鼻）から指の先までの距離をはじき出すことができる．

※5 訳注：角度は英語でアングルといい，angleと綴る．これをエンジェル(angel)とかけている．
※6 訳注：ギリシャ神話に登場するひとつ目の巨人．
※7 訳注：女性の気を引くことになりかねません．

指で視差を体験する

視差の効果を簡単に体験するには，まず顔の前に指を置く（自分の指がいいだろう）．

片目を閉じて指を見る．次に指はそのままにして逆の目で見る．すると，指の先が左右に動くのがわかるだろう．この動きはそれぞれの目が違った角度から指を見ているせいで生じる．

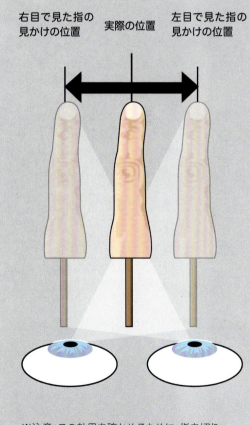

※注意：この効果を確かめるために，指を切り取って棒に刺す必要はない．

惑星までの距離を測る

背景の星々を基準にして天体が視差によってどれくらい動くのか調べることで、天文学者は視差角を測定する。この、視差角と基線長（観測した2点間を結ぶ距離）と単純な三角比を使えば、天体までの距離を計算することができる。

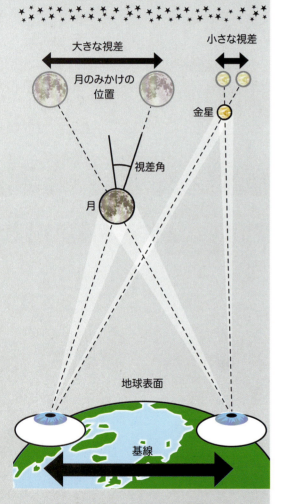

月は近いので地球上にある2つの観測点でも大きな視差が得られる。しかし、遠くの天体では視差は小さくなる。

同じ方法が、山脈や月、惑星や銀河といった遠く離れた物体までの距離の測定にも利用できる。残念なことに（また、おそらく予想できることだと思うが）、物体が遠く離れると視差の違いがずっと小さくなり、距離を測るのが難しくなってくる。

もう一度指を鼻の前に差し出してみよう。そして、目を開けたり閉じたりする。ただし、今度は指をあなたの顔からゆっくりと遠ざけてみよう。指が遠ざかるにつれて、視差が小さくなっているのがわかるだろう。これはあなたの2つの目が互いに近くにあるためで（突然、シュモクザメに変身していなければであるが）、指を見るときの角度の差がだんだん小さくなっていくからである。

天文学者が視差を利用して天体までの距離を測定するときにも同じ現象が起こる。月までの距離（たった40万kmだけだが）を測るには、2つの「目」（つまり望遠鏡）が、数千km離れている必要がある。しかし、火星や金星といった近くにある惑星までの距離を測るだけでも、ことはもっと入り組んでくる。

火星までの途方もない距離（地球に最も近づいたときでも5600万km）に比べたら、地球の端と端に置かれた望遠鏡の間隔（1.2万km）でも近すぎて、非常にやせこけた三角形しかつくることができない。ただ、この微小な角度はどうにかギリギリ測定することができる。

天文単位

　1671年, フランスの2つの天文チームが同時に火星の位置観測を行っている. ジョバンニ・ドメニコ・カッシーニが率いたチームはパリで, 一方, カッシーニの助手だったジャン・リシェが率いたチームはフランス領ギアナに送られた.

　観測後, 両チームは互いのノートを見比べ, 視差を計算して火星までの距離を求めることに成功した. さらにこのデータを元に, 彼らは地球から太陽までの距離を1.4億kmと算出してみせた（現在の測定では1.496億kmである）. この太陽-地球間距離は太陽系内にある天体の距離を表すときの標準単位になっていて, 非常に重要である. これを天文単位（Astronomical Unit）といい, AUと書く.

　ところで, なぜ天文単位が重要なのか. じつは天文学者が宇宙を測るときに, それが新たな基線※8を与えるからである. 地球の公転半径はおよそ1.5億kmなので, 6ヵ月間隔をあけた観測では, 太陽のあちら側からこちら側まで基線の長さは倍の3億kmになる. 2つの目が遠く離れれば, 太陽系を越えてはるか遠くの天体までの距離を測ることができるのだ.

　しかし天文学者にとっては不幸なことだが, 3億kmの基線をもってしても「近くの」恒星がつくる視差は極めて小さく, 17世紀の望遠鏡

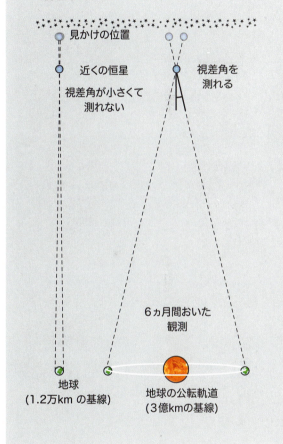

では解像度がまったく足りなかった. さらに困ったことに, 当時の天文学者は地球の地軸の「ふらつき」（章動という）と, 地球の公転運動によって星からの光がある角度をもって地球にあたる現象（空からまっすぐ下に向かって落ちてくる雨でも, 前に進んでいる人にとっては「吹きつけて」くるように見えるのと似ている）, つまり光行差とよばれる効果の2つを補正する方法を知らなかった.

　天文学の理論と望遠鏡の技術が進歩して, 遠くの星々までの距離が測定できるようになるまで150年以上の年月を要した. 1830年代に起こった天文学活動の興奮に引き

※8 訳注：視差法で用いる三角測量で基準となる三角形の一辺. 指の例では両目の間隔にあたる.

続いて，19世紀半ばの天文学者たちは，太陽近傍にあるいくつかの恒星までの距離を図に表した（天文学における近傍というのは，もちろんすべて相対的なものであって，一番近い恒星であるケンタウルス座プロキシマ星であっても27万1000AUの距離にある．つまり，27万1000×1.5億km＝39.9兆kmになる）．

だが，再び天文学者は技術の限界という壁にぶつかった．視差を用いて多くの天体までの距離が測られた後，測定はキッ，キーッと大きなブレーキ音を立てて止まってしまった．視差法だけで測定できる限界にきたことはあきらかだった．これは袋小路にある2軒の家があって，そのあいだの距離だけを知っている状況に少し似ている．視差法を用いればその通りの長さは測れるし，村の広さを見積もることもできるかもしれない．しかし，隣の村までの距離を求めるにはたいして役に立たないし，その国全体の大きさを算定するにはまったく役に立たない．だから，宇宙全体のサイズを知るには別の方法を編み出さなければならなかった．

20世紀前半になり，写真乾板の進歩によってようやくこの分野が大きく発展することになる．写真が発明される以前では，世界最高の望遠鏡でさえ決定的なハンディキャップを背負っていたといえる．それは人の眼だ．遠方の星がつくるきわめてわずかな視差は，人の眼で測るにはあまりに小さかった．

写真技術がもたらす最もあきらかな利点は，星の位置についての正確かつ永続的な記録を与えてくれることだ．天文学者は，望遠鏡が設置された山頂で寒さに凍えることもなく，いつでも自分の都合のよいときに，写真に写った星で研究できるようになった．星々の位置は抜群の正確さで観測されるようになり，必要であれば顕微鏡まで使って精度を上げることができた．

また，写真による最大の長所は，乾板をずっと露光させればさせるほど，より多くの光が降り注ぎ，かすかな像でさえも見えるようになってくるところである．人の眼でも好きなだけ長く夜空をにらみつけていることはできるが，暗い天体がますますはっきりと見えてくるというわけではない．

写真解析による天文学が始まる前の1900年には，視差法によってちょうど60個の恒星までの距離が知られていた．写真解析は，50年かけてそれを約1万個にまで増やした．こうして測定される星の数が増えたことで，天文学者は星の特性に関するカタログを作成できるようになり，このことが視差法では直接測れなかったずっと遠方にある星まで，距離を測定できるようにしたのである．

♪きらきらのお星さま……[※9]

　20世紀の初頭，天文学者は星の色と温度，そして明るさの関係を突き止めた．1860年にウィリアム・ハギンズによって開発された分光学の手法を用いて，オランダの天文学者アイナー・ヘルツシュプルングとアメリカ人のヘンリー・ノリス・ラッセルは，大多数の星（およそ90%）は青から赤にわたる色の範囲に分類されることをそれぞれ独自に発見した．

　青い星はまだその一生を始めたばかりの若い星で，激しく燃え盛っていて（炎の一番熱い部分が青いように）青く見える．そして，赤く見える星は高齢で，より低い温度のまま緩やかなペースで燃えている（私たちの太陽はちょうどこの範囲の真ん中に位置していて，黄色に見える）．

　星の明るさ，つまり光度も直接この温度と関係している．たとえば，熱い星はより多くの光を放出し，したがってより明るく輝いている．分光の測定値と視差法から得られた距離とを組み合わせて，ヘルツシュプルングとラッセルはさまざまな種類の星がどれくらい明るいかを表すグラフを完成させた．これは（当然のことながら）ヘルツシュプルング＝ラッセル図とよばれている．

　光（すべての電磁波）の明るさは光源からの距離が離れるにしたがって，その距離の2乗で弱くなる．これを逆2乗則という．つまり，距離が2倍離れた位置にある星は4倍（2×2）暗く見え，4倍遠くにある星は16倍（4×4）暗くなる．

　さて，ここまできたらあとは簡単だ．視差法では遠すぎて距離の測定が不可能な星を発見したときに天文学者がしなければならないことは，以下の通りである．まず，分光学を用いてその星がどの種類の星なのかを特定し，ヘルツシュプルング＝ラッセル図と照らし合わせて星本来の明るさを算出する．次に，それと見かけの明るさと比較して，最後に逆2乗則を用いてその星までの距離を計算するだけだ（これは，たとえばあらかじめ60ワットの電球の明るさを覚えておくと，離れたところにある別の60ワットの電球がどれくらい遠くにあるのか予想できるのと似ている）．

　距離を決定するこの方法は，分光視差法（視差とは関係ないから，少し紛らわしいが）という．視差法より遠くまで利用できるけれども，まだ比較的近くの恒星に対してのみ有効である．

セファイドのものさし

　遠くの星からやってくる光は私たちに届くまでに，光を弱めてしまう多くの「物質」を通過しなければならない．たとえば光を吸収したり，散乱させたりするちりが存在する．実際にそういう障害の中を通ってきた光は，その光を放射したもとの星について「本当のこ

[※9] 訳注：原文の「Star light, star bright」は昔からある英語の子守歌．ディズニー映画「ピノキオ」でも歌われている．

天の川銀河を測る

恒星の色(スペクトルのバーコード)と明るさとの関係がわかってしまえば,天文学者がするべきことは,距離がわかっている星と同じ色の星を探すだけだ.その関係から星の本来の明るさが導けるから,あとは逆2乗則を用いて距離を計算すればいい.

近くの星(距離がわかっている)　　　　　　　　遠くの星(スペクトルのバーコードが同じ)

スペクトルのバーコード　　明るさ

明るさを比べて距離を計算する

逆2乗則

天体から放射された光は,球状に広がりながら空間を伝わっていく.光子の数は増えたり,減ったりしないので,遠くから来た光は面積あたりに占める光子の数が少なくなる.2倍遠くにある光源からの光子は4倍の面積に広がり,明るさは1/4になる.

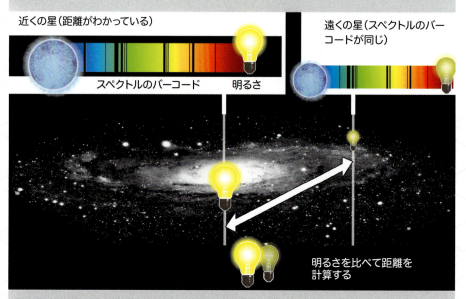

距離: 1倍　　2倍　　3倍
　　　　　　 1/4　　1/9

光は4倍の面積に広がる

光は9倍の面積に広がる

と」を教えてくれはしない. 問題は, ちりの原子が光を吸収して弱めるだけでなく, 光が地球に到着するまでにそのスペクトルを変えてしまうことだ. 光が本来持っていたスペクトルに,「途中にあるすべてのもの」のスペクトルが混ざり合ってしまうのだ.

したがって, 天の川銀河を越えた距離を測る次のステップに進むために, 天文学者は宇宙の道路標識, つまり, すべての「もの」や「ノイズ」をすり抜けることができる銀河間の距離指標を見つけなくてはならない.

セファイド変光星は1784年に発見されてから2世紀以上ものあいだ, 天文学者にとって「興味をそそる風変わりな天体」だった. その名前の通り, 変光星とは輝くクリスマスツリーのライトみたいに明るい状態から暗く, そしてまた明るい状態へと, 脈動するように明るさを変化させる恒星である. また, その祝祭の飾りつけのようにセ

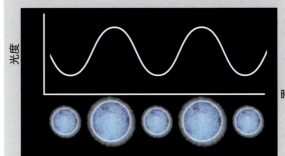

宇宙を測る

銀河間を漂うちりやガスは「ノイズ」を生み出す. 遠方の天体までの距離を測るには, それらの影響を受けない, 特別なシグナルを送ってくる星を利用する. そのひとつがセファイド変光星である.

セファイド変光星は膨張と収縮をくり返し, それに連動して明るさ(光度)を変化させる. 明るい状態から暗く, そして再び明るい状態へ, 測定可能な周期で変光する.

セファイド変光星の明るさは周期と関係がある. だから, 周期を測定することで天文学者はその明るさを決定し, 逆2乗則を用いてセファイド変光星がある銀河までの距離を算出することができる.

ファイド変光星の脈動には, あるものはゆっくり, あるものは速く, そしてまたあるものは速くなったり遅くなったりとさまざまなペースがある.

この風変わりなセファイド変光星であるが, これが宇宙のものさしになるとは, 20世紀初頭にハーバード大学の「コンピュータ」があることを発見するまで, 誰も夢にも思っていなかっただろう.

この時代のコンピュータというと, チカチカする真空管やグルグル回るデータテープが所狭しと詰め込まれた機械だらけのひとつの部屋といったものよりも, もっと古い型だった. どういうものかというと, それは写真乾板に記録された星の明るさを測ってカタログをつくるために雇われた女性たちであった(当時, 女性は複雑で高価な望遠鏡を操作させてもらえるほど信用されていなかった).

そうしたコンピュータのひとりがヘンリエッタ・スワン・リービットだ. 1908年, 彼女はセファイド変光星の明るさとその変光周期とのあいだに関係があることを発見した(別の

言葉でいえば,明るい状態から暗くなり,また明るくなるまで2日かかるセファイド変光星は,7日周期のものとは明るさが異なっていた).周期がわかっているセファイド変光星までの距離を知ることができれば(実際に1912年に,前のほうで説明した方法で行われた),それから天文学者がするべきことは,同じ周期のセファイド変光星を見つけ,その見かけの明るさを測り,逆2乗則に当てはめるだけだ.ジャジャーン!

　こうして突然,天文学者は宇宙に存在するほとんどすべての天体までの距離を測れる標準ものさしを手に入れたのである(後に宇宙の最遠部までの距離測定には超新星爆発が利用される).このため,セファイド変光星は標準光源とよばれている.

　20年後,エドウィン・ハッブルはセファイド変光星を利用した測定で,メシエの「ぼんやり天体」の多くは天の川銀河内よりもずっと遠く,別の離れた銀河であることを示した.彼は私たちのお隣りにある銀河,アンドロメダ銀河までの距離を測り,およそ80万光年であるとした(1光年は約9.5兆km).これらによって宇宙は天の川銀河を越えてずっと遠くまで広がっていることがわかった.セファイド変光星による測定のおかげで,天の川銀河が唯一無二の存在でなく,急激に膨張した宇宙の中に点々と漂う数えきれない銀河のうちのひとつ,という認識が支持されるようになった.

光年

1800年代中頃まで,最も大きな長さの単位は天文単位だった(地球-太陽間距離で,約1億5000万km).しかし,他の恒星までの距離を測定するようになると,それに適したもっと使いやすい単位が必要になった.光の速さ(およそ秒速30万km)は1729年,イギリスの天文学者ジェームズ・ブラッドリーによって計算されていた.1838年,ドイツの天文学者フリードリヒ・ベッセルはこの数値を使って,光が1年間で進む距離を計算して「光年」とし,はくちょう座61番星(ベッセル星ともよばれる)までの距離を表すのに用いた.

サイズが決め手

　アンドロメダ銀河まで80万光年というハッブルが出した値は十分大きいように思えるが,それを別の銀河までのものさしとして使ってみると困ったことが生じた.銀河までの距離を赤方偏移の法則に当てはめて,銀河が遠ざかっていく速さを計算する.そして宇宙の始まりまで時計を巻き戻していくと,宇宙の年齢がたった20億歳になってしまったのである.これはあまりに若すぎる.

　この結果は,ビッグバン理論を支持していた学者たちにとってひどい頭痛の種になった.というのは岩石や隕石の調査から,地質学者がすでに地球や月は少なくとも誕生から40億年以上た

っていることを実証していたからだ．惑星の年齢が宇宙年齢の2倍というのでは，子どもが親よりも歳をとっているのと同じで，あきらかに矛盾である．これは何かが間違っている．宇宙は，考えているよりもずっと大きくなければならない（そうでなければ，ビッグバン理論はその場ですぐに息絶えてしまう）．

この時代の望遠鏡では，近くの銀河でもぼんやりした小さな点に見える程度だったので，銀河までの距離を測定しようとするハッブル同様の試みは，なかなか精度が上がらなかった．それは望遠鏡の能力が足りなかったわけではなく，地球の大気や人工の光害による像の歪曲効果がおもな原因だった．

現在でも光害は天文学者にとって，とくに都市部で深刻な問題である．2km先にある針の先よりも小さく見える夜空の星から，何兆kmもの旅をしてきてようやく地球に到達した光は，都市の上空にはき出された人工の光の洪水によって，瞬く間にかき消されてしまうのだ．ところが，（少なくとも私たちの物語にとっては）幸運なことに1940年代，天文学者に思いもよらない協力者が現れた．第2次世界大戦である．

その頃，アメリカ合衆国では夜間に空爆を受ける恐れがあったので，日常的に灯火管制が敷かれていた．明かりをつけて，敵の爆撃機に標的を教えてあげるなんてことはしないのだ．街のすべてのスイッチが消されると，目をくらませていたオレンジ色の人工の光が空から消え去った．そして，ひとりの天文学者がその恩恵を存分に味わうことになる．

ドイツ生まれの天文学者ウォルター・バーデは，不安定な母国の政治情勢のため，1931年からアメリカに移住していた．アメリカが戦争に巻き込まれると，彼の同僚科学者のほとんどが戦争目的の研究に転向させられたが，ドイツ人として国際的，かつ政治的に危険人物として扱われていたバーデには，戦争協力の命令は来なかった．

こうして彼は当時の世界最大の望遠鏡，カリフォルニアのウィルソン山にある100インチの口径を持つフッカー望遠鏡を事実上独占することになった（ハッブルが赤方偏移の法則を発見した望遠鏡である）．そして，なんといってもバーデは，本当に真っ暗な夜空を手に入れたのだった．

バーデは望遠鏡のパワーを余すところなく活用して，アンドロメダ銀河（一番近くの大きな銀河）の解像に成功した．ハッブルにはただのぼやけた天体にしか見えなかった銀河が，中にあるひとつひとつの星まで見えたのである．

すると，アンドロメダ銀河には2つのタイプのセファイド変光星があることがわかった．ひとつは種族Iに属する青くて熱い若い星，もう一方は種族IIに属する大きくて赤く，低温の年老いた星である．

ハッブルがぼんやりした光でアンドロメダ銀河までの距離を計算したときには，薄暗い種族IIの星には気づいていなかったため，結果として種族Iの変光星だけを使って計算していた．それらはもともとが明るいから，アンドロメダ銀河が本来の位置よりもずっと

宇宙の年齢

欧州宇宙機関（ESA）のプランク衛星により，宇宙の年齢が最近修正された．2013年，プランク衛星はビッグバンによる放射の残光（宇宙マイクロ波背景放射，またはCMB）の地図を今までにない精度で描き，それにより，ハッブル定数（ハッブルの法則に出てくる比例定数）がより正確に求まった．また，宇宙の年齢は137.3億年（NASAのCMB観測衛星WMAPによる算出）から138.2億年に引き上げられた．

近くにあるように見えたのである（要するに，暗い60ワットの電球を見ていたのに，本当は100ワットの電球を見ていたのだ）．

バーデが正しい光度を使ってアンドロメダ銀河までの距離を再計算してみると，今度は200万光年になった（現在の測定では250万光年である）．彼はソロバンのひと振りで，天の川銀河の外にあるすべての銀河までの距離を2倍にしてしまったわけだ．さらに宇宙の年齢も50億年に引きのばした．これは現在，私たちが知っている138.2億年にはほど遠い値だが，少なくとも太陽系の年齢より古くなったわけである（これでビッグバン信奉者もぐっすり眠れたことだろう）．

こうして誰もが想像していたよりも，宇宙はずっとずっと大きいことが発見され，そのすべてがビッグバンとよばれるできごとから幕が開けたことがわかった．さて，この辺で話を先に進めよう．（ドアの向こうに全能の神がいるという妄想は放っておいて）まずは，どこから宇宙をつくる作業に取りかかるかだ．ビッグバン，後ほどわかるようにそれは決して大きく（ビッグで）もなく，いかなる爆発（バン）とも関係ないのだが，すべてはそこから始まったことはわかった．だから，やはりビッグバンからスタートだ．

ウィルソン山天文台

上:当時,世界最大の望遠鏡だった100インチフッカー望遠鏡.カリフォルニア,ロサンゼルス,ウィルソン山天文台.1929年,エドウィン・ハッブルはこの望遠鏡を使用して,宇宙の膨張を表す赤方偏移の法則を定式化した.そのときの観測では銀河の中にある星までは解像できず,「ぼんやり天体」を使わなければならなかった(挿入図).

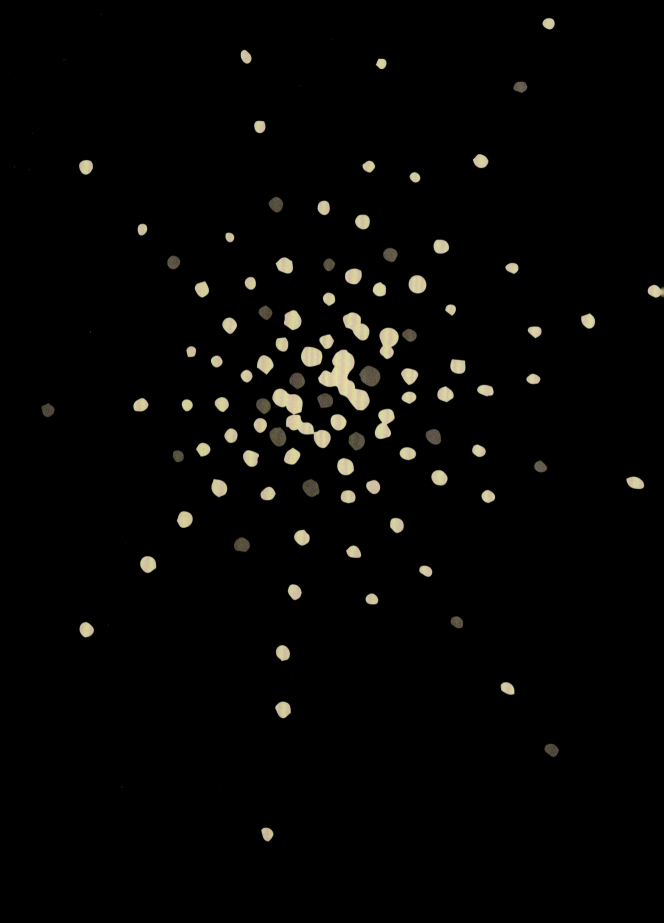

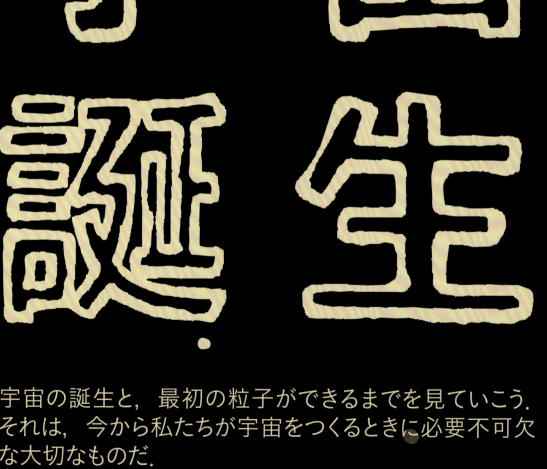

宇宙の誕生と，最初の粒子ができるまでを見ていこう．
それは，今から私たちが宇宙をつくるときに必要不可欠
な大切なものだ．

初めに，神は天と地を創造された……（In the beginning God created the Heavens and Earth...）．キリスト教的見方ではこうして万物の始まりが語られる．たった9個の英単語．宇宙と地球の成立としては簡単すぎではないか．重大事件の説明としてはなはだ不完全だろう．

　では，近代科学においては宇宙の誕生をどのよう説明しているのか．「エントロピー」とか「一様性」，「等方性」などの多くの複雑な専門用語を用いて，とても長くて非常に難解なものではないのか？　じつは科学では，宇宙の「創生」を聖書よりももっと簡潔に記述している．（あなたが今，手にしているような）科学の本を読んでみると，宇宙が誕生したのは「ビッグバン(the Big Bang)」と書いてある．たった3単語．計り知れない大きさの宇宙が誕生するのに，平凡で単音節の小さな子どもでさえ知っているたった3つの単語だけだ．

昨日のない日

宇宙に中心はあるのか？

宇宙に中心はない．

宇宙はある固定された点から膨張したのではなく，どの点からも等しく膨張している．

あなたが宇宙のどこにいたとしても，すべての空間が遠ざかっていくから，自分が宇宙の中心にいるように見えるだけだ．

　最初の科学的な説明には少しがっかりしたかもしれないが，聖書に書いてあるように超自然の神がポケットから宇宙を取り出したのと比べたら，宇宙誕生の科学的な説明は具体的な証拠に基づいている．つまり，私たちが見たり聞いたり，くり返し実験できる現実のものに……．

　あー……，いや，そうでもないか．

　ビッグバン理論の問題点は，宇宙がどのように誕生したのかを，本当にはきちんと説明していないところだ．よく誤解をまねくのだが，ビッグバンという言葉は空間や時間，物質が生まれてくるような宇宙の大爆発を表しているのではない．正確には，宇宙が存在するようになった「後」の宇宙の進化を記述しているのだ．

ビッグバン理論は、ヒトに関する生理学的な知識を持っていない宇宙人が、あなたの生活について解説しているようなものだ。宇宙人はあなたが生まれた瞬間からどのように成長して、どうやってまわりの環境と触れ合ってきたかを報告することはできるだろう。しかし、あなたが誕生することになるそもそもの原因は何だったのかは、ただ想像するしかない。

　ビッグバン理論は、宇宙誕生の瞬間からほんの少しの（さらにその少しの、少しの……）時間だけ経過した後の発展は説明できるが、そもそも最初にどうやって誕生したのかについては、何も語ることができないのだ。

　このように、宇宙が誕生するようになった経緯については、今のところ科学は言及できていない。（神のポケットからポイッと取り出されたかのように）無からパッと出てきたのだろうか。誕生し、そして生まれ変わる無限のサイクルのひとつなのだろうか。そもそも宇宙はひとつなのか。私たちの宇宙は、巨大な「スイスチーズ」型のメガバースの中にある1個の穴なのか。これらの質問にはあとで触れることにしよう。ちょっと先走りしてしまった。

ビッグバン理論が宇宙について語ること

　物理学は、宇宙の誕生について多くのことを私たちに語ってくれる。だが、本当の始まりに何が起こったかのは沈黙したままだ。プランク期として知られるこのごくごく初期の期間では、物理法則自体が破綻してしまうのだ。理論家は、方程式と格闘してどうにか数値を出そうとするが、その値は無限大（彼らが大嫌いな無限大だ）へと発散していって、古典物理学でも量子力学でも何が起きているのか、まったくのところわからなくなってしまう。ビッグバン理論を本にたとえるなら、最初の章の最初のページが第2段落から始まっているようなものだ。私たちはただ科学者が最初の段落を書いてくれるのを待つしかない。まあ、残りの部分だけでも十二分に楽しむことができるけれども。

　私たちの物語は、最も小さな粒子よりももっと小さいものからスタートする。宇宙に存在する物質やエネルギーすべてが、小さいものの中でも一番小さなものの中に押し込められていた。これまでに存在したすべての恒星、惑星、月、銀河、生命、さらにはこれから存在するであろうものすべてが入っていたのだ。このほとんど大きさのない点は陽子1個の大きさより1000000000000000000000分の1の小ささだ。ここから宇宙は膨張を始めるのだ。

宇宙誕生　33

原子

原子が何でできているのかあとで詳しく見ていくが、ここでは基本的な原子模型を示しておく。

原子核
プラスの電荷を持つ陽子と、電気的に中性な中性子が結合したもの

電子
マイナスの電荷を持つ

始まりの瞬間(誕生後0.0000000000000000000000000000000000000000001秒)、宇宙は極度に高密度で、この上なく高温であった。それを灼熱、というのではかなり控えめな表現といえる。太陽の中心部は1000万℃を超え、非常に「熱い」が、初期の宇宙の温度はさらにゼロを19個追加する必要がある。

この超高エネルギー(熱とエネルギーは同じもの)の下では、私たちが知っているすべての物質は形をなすことができず、宇宙の構造をつくるときに活躍する基本的な力、つまり、電磁気力、強い核力、弱い核力、そして重力(第4章「宇宙はフォース(力)が強い」、70ページ参照)は統一されてひとつの力になっていた。

宇宙は始まりの一瞬、比較的ゆっくりと膨張した。すると、ごくわずかに密度と温度が低くなり、そして、究極かつ劇的な大事件が起こった。統一されていた力が崩壊し、基本的な力へと分裂していったのである。莫大なエネルギーが一瞬で解放されて(思いっきり振った缶コーラを開けたようだ)、このエネルギーの注入により宇宙は指数関数的に膨張した。これが宇宙インフレーションとよばれる過程である[※1]。たった0.00000000000000000000000000000001秒間に体積が10^{78}倍(10を78回かけた値)に膨張し、陽子よりも小さかったその米粒は、グレープフルーツの大きさになった(テニスボールが現在観測されている宇宙に広がったのに相当する)。

こうして宇宙ははるかに広々として、それまでお互いに強く押し込められていたすべてのエネルギーは広がり、薄まったので、宇宙はあらゆる領域で冷えていった。そのおかげで最初の物質粒子が形を持てるようになった(エネルギーからどうやって物質をつくるのかは69ページ参照)。

※1 訳注:宇宙インフレーションについては35ページも参照。

宇宙のインフレ

　じつはビッグバン理論にもいくつか欠点がある．宇宙インフレーションは，それらを応急処置するただの絆創膏と思っている人もいるかもしれない．だが，最近の発見によってインフレーションは暗い隅からスポットライトの当たるセンターへ，確信をもって舞台の前面へと躍り出てきた．

　インフレーションでは，いくつかの副次的効果が予言されていた．そのひとつは，わずかな時間だけだが破壊的ともいえる宇宙の膨張が，時空の布地にしわをつくり出し，池に石を落としたあとにさざ波が伝わるように，それが膨張する宇宙を伝播していく，というものである．

　重力波とよばれるこの時空のさざ波は，生まれたばかりの宇宙を満たしていた放射のスープに動かぬ証拠を残していく．波が空間を伝わると，宇宙空間という布地を曲げたり伸ばしたりするから，その中に存在するすべての粒子も曲げたり伸ばしたりしたはずである．

　電子は，余分に持っているエネルギーを光子（電磁エネルギーのパケット）として放出する．通常の環境では，これらの光子はランダムな方向に放出されるが，重力波が時空をゆがめるために，光子は波の動きに合わせて偏極される．

　光子を偏極させるものはたくさんある（たとえば，濡れた道路による反射など）．けれども，重力波によって偏極された光子は，B-モード偏極として知られる典型的な渦巻きパターンを示すことがわかっている．もしこの「巻き」がビッグバンによる放射の残光（宇宙マイクロ波背景放射）の中に見つけられれば，このように時空をゆがめる現象は他に考えられないので，宇宙インフレーションが実際に起こっていたことの証拠になる．

　2014年，南極点近くに設置された望遠鏡で観測を行っているチーム：BICEP2（Background Imaging of Cosmic Extragalactic Polarization experiment：バイセップ・ツーとよむ）が，宇宙マイクロ波背景放射に刻み込まれた偏極の痕跡を発見したと天文学者のコミュニティに発表した．

　この結果は「完璧」というものからはほど遠く，多くの科学的な発見と同様に，他の独立した観測で検証されなければならない[※2]．しかし，今のところ宇宙インフレーションは私たちが宇宙をつくるために最も必要とされる道具だといえる．

※2 訳注：このチームが発見した偏極の痕跡は宇宙初期の重力波とはいいきれない，と結論された．

物質 vs. 反物質

　エネルギースープの中で初めて固まったまさに最初の粒子は,基本粒子(または素粒子)とよばれる.それらは,光子(光エネルギーのパケット)や電子(電荷を運ぶ小さな粒),クォーク(極微な物質の固まり)などである.

　それと同時に,ほぼ等しい量の反物質という兄弟も同時に生成された.反物質の粒子は,それに対応する物質の兄弟とは電荷が反対であることを除いては,他の性質は厳密に一致している(マイナスの電荷を持つ電子の反物質は,プラスの電荷を持つ陽電子である).

　たったそれだけのことなのに,反物質は通常の物質とうまくつき合うことができない.もしこの兄弟が出会ったら,すぐさま反応して取っ組み合いの喧嘩になり,お互いに消滅してしまう.そして,2人が持っていたすべての質量は,一瞬のうちにエネルギーへ変換されてしまうのだ.初期の宇宙は非常に高密度で込み合っていたから,物質と反物質は互いを避けていられるほどの贅沢なスペースはなく,新たに誕生した物質のほとんどが物質-反物質相互作用でエネルギーへと戻されていった.

　こうして再び解放されたすべてのエネルギーは,さらなる宇宙膨張に使われた.最終的には事態は落ち着いて,再びエネルギーから素粒子が形成されていった.どうにか宇宙の構築が続いたのである.

　物質と反物質がまったく等しい量で生成されなかったことに対して,私たちはいくら感謝しても感謝しすぎることはない.というのは,もし分量が完全に一致していたら,これらの兄弟はお互いに消滅を続け,最後には何も残らなくなってしまう.そして私たちが知っている現在の宇宙は,その場ですぐに息絶えていただろう.

物質-反物質の消滅

電子がその反物質である陽電子と衝突すると,それらは消滅して全質量はエネルギーへと変換される.

物質-反物質の反応は非常に大量のエネルギーを放出するので,未来の惑星探査の燃料として利用できるかもしれない.

たった10mgの陽電子がTNT火薬428トン分ものエネルギーを解放する.これは,スペースシャトルの外部燃料タンク(大きなオレンジ色のタンク)23個分に相当する.

クォーク

　基本粒子は物質を構成するブロック※3にたとえられる．ただし，（光子や電子は非常に重要であるが）本当の意味でのブロックはクォークだけだといえるだろう．というのは，クォークは（その組み合わせ方で）原子核のもとになる陽子と中性子を構成するからだ．

　クォークは小さくて，まあ風変わりな奴らだ．ほとんどの粒子は喜んで整数の電荷を持つのに対して（電子は-1，陽子は$+1$など），クォークは分数の電荷しか持ちたがらない．$2/3$の正電荷を持つクォークが3種類と，$1/3$の負電荷を持つ「相方の」クォークが3種類いる．それらには，風変わり者にぴったりな名前がつけられている．アップクォークとその相方のダウンクォーク，チャームクォークにストレンジクォーク，そして，トップクォークにボトムクォークである．

　それにクォークはきわめて社交的だ．1人でいることはなく，いつも2人か3人の組になっていて*，決して離れようとしない．実際に科学者は単独のクォークを見たことがない（また，見ることはないだろう）．彼らは強力な核力で互いに結びついていて（72ページ参照），その力は原子のスケールでは距離が離れるほど強くなるのである．あなたが小さな原子サイズのバールを持ってきて，2個のクォークの間に挟み込んで力を込めて引き離そうとしても，お互いを引き合う力がどんどん強くなっていくのを感じるだろう（ゴムバンドを引っ張ってゴムの抵抗力が増すときのようだ）．実際に，クォークを引き離すには莫大なエネルギーが必要だが，そのエネルギーは質量へと変換されて結局，2個のクォークの間に新たなクォーク（それらも同様に固く結合している）が生み出されることになる．

　クォークどうしの引力に打ち勝つだけのエネルギーを供給する方法は，今のところ知られていない（太陽サイズの粒子加速器なら可能かもしれないが……）．しかし，生まれたての宇宙を満たしていた粒子のスープは瞬間的に加熱され，その中ではクォークはひとりでも自由に動き回ることができた．このことからも始まりの瞬間にどれくらい途方もないエネルギーがあったのかがわかるだろう．

　ただし，クォークが自由に動けたのは，宇宙誕生後の0.00001秒間という短い間だけだった．そののち，すぐにスープは冷めてしまい，クォークは自分たちの引力でお互いを捕獲して固く結合した．こうして最初の中性子と陽子が形成されたのである．それ以来，クォークは再び自由になることはなかった．

※3 訳注：たとえば，レゴブロックやダイヤブロックなどの玩具．

* 著者注：4人の組もあるかもしれない．2014年，ラージ・ハドロン・コライダー（LHC：大型ハドロン衝突型加速器実験）で科学者は4個のクォークからなる粒子が存在する証拠を発見した．確証が得られれば，この「4クォーク」粒子は物質の新しい形態を表し，5クォーク(pentaquarks)や6クォーク(hexaquarks)が存在する可能性も出てくる．さらにクォーク・スターとよばれる仮説上の天体も現実にあるかもしれない．

宇宙誕生

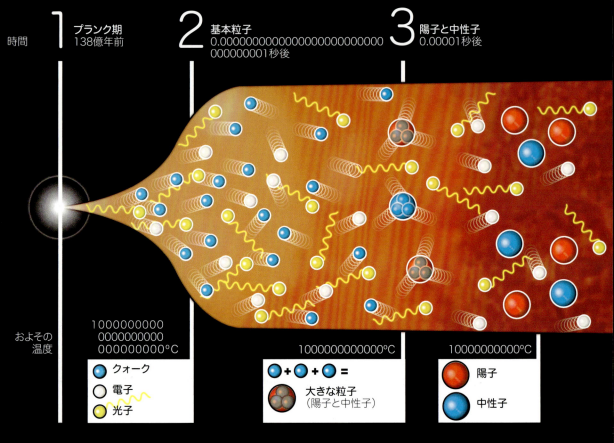

	1 プランク期 138億年前	**2** 基本粒子 0.000000000000000000000000000000000000001秒後	**3** 陽子と中性子 0.00001秒後
時間			
およその温度	1000000000000000000000000000000℃	1000000000000℃	10000000000℃
	● クォーク ○ 電子 ● 光子	●+●+● = 大きな粒子（陽子と中性子）	● 陽子 ● 中性子

1 プランク期：時間, 空間, 物質, エネルギー, すべてが一体できわめて小さく, 無限に高密度で, とんでもなく高温の火の玉になっている. またすべての基本的な力（重力, 電磁気力, 強い核力, 弱い核力）もひとつの力に統一されている. 1兆分の1兆分の1兆分の1秒後, 力は分離し, 宇宙のインフレーションを引き起こす.

2 基本粒子：宇宙が膨張すると, エネルギーが薄まり宇宙の温度が下がる. エネルギーは固まって物質になり, 最初の粒子が誕生する. 物質を構成するブロックとなるこれらの粒子には, クォークや電子, 光子, ニュートリノなどがあり, それと同時にそれらの反物質の兄弟（反クォークや陽電子など）も生まれる. この兄弟が衝突すると, 互いに消滅して莫大な数の光子（光の粒子）を放出する.

3 陽子と中性子：温度が下がってくると, 衝突したクォークはエネルギーですぐに分解されずに, そのままくっつくようになる. クォークは（強い核力によって）3個セットで結合して, 最初の陽子と中性子が生まれる.

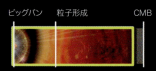

ビッグバン　粒子形成　CMB　　暗黒時代（ダークマター構造）　　初代星と活動銀河

138.2億年前　　ビッグバン後 377000年　　　　　　　　　　　　2億年

4 軽い元素(原子核) 3分後

5 安定な原子(再結合期) 377000年後

暗黒時代

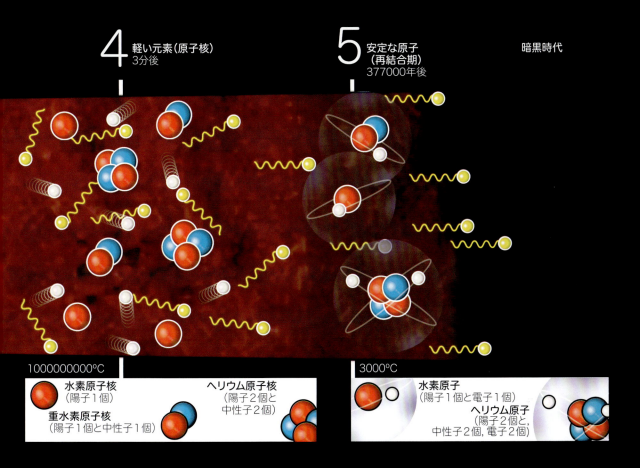

1000000000℃
- 水素原子核（陽子1個）
- ヘリウム原子核（陽子2個と中性子2個）
- 重水素原子核（陽子1個と中性子1個）

3000℃
- 水素原子（陽子1個と電子1個）
- ヘリウム原子（陽子2個と，中性子2個，電子2個）

4 軽い元素：温度が10億℃に下がると，陽子と中性子が核融合して結合し，単純な化学元素の水素，重水素，ヘリウムの原子核ができる．およそ20分後，宇宙は冷えて，核融合が終わる（そのあと核融合は最初の星が誕生するまでは起こらない）．この時期，宇宙は原子核と電子でできたプラズマの熱く不透明なスープで満たされる．物質-反物質の対消滅で生じた光子が，陽子と電子に絶え間なく衝突して，このプラズマに閉じ込められる．

5 安定な原子：宇宙は十分に冷え，プラスに帯電した原子核が，マイナスに帯電した電子を捕らえられるようになり，中性の原子が生まれる．これによって，光子はまっすぐ進めるようになって，宇宙は初めて透明になる．この時点での原子の割合は75％が水素で，25％がヘリウムである．

銀河進化（銀河団と超銀河団の形成) — 10億年
太陽系形成 — 90億年
太陽の死 — 187億年
宇宙の運命

宇宙誕生 39

輻射優勢期

　この時点での宇宙がどのような状況だったのか，一度思い描くのがよいだろう．宇宙はぐっと冷えたといっても，まだおよそ10億℃あった．要するに，まだ，かなり熱かったのだ．熱というのはその系にどれくらいエネルギーがあるかを表すひとつの示標で，たとえば，系が熱いとき，その中にある粒子は多くのエネルギーを持ってすばやく飛び回っている（冷たいものはエネルギーが少なく，粒子はゆっくりと動く．熱い水が水蒸気になり，冷たい水が氷になるのはこのためである）．

　10億℃もあれば多くの粒子が高エネルギーで，高速で飛び回っている．宇宙はまだ比較的密度が高い粒子スープ状態だったから，活動的な粒子どうしは絶えず互いに衝突し合い，時折，陽子と中性子が一緒にくっついた．こうして最初の軽元素の原子核が合成されていく．

幽閉された光

　アインシュタインの特殊相対性理論によれば，光の速さは一定で，秒速299792458m（およそ時速10億8000万km）である．たとえば，太陽の表面から出た光が1億5000万km離れた地球に到達するのに，500秒かかる．ただし，注意する点は，「太陽の表面から出た」というところだ．光速は真空中では一定だが，途中で何度も障害物に出くわすと，ある距離を進むのにとても長い時間がかかる場合がある．

　太陽表面から出た光が地球の地面を覆うには数分しかかからないが，実際にはその光の旅はずっとずっと前から始まっている．太陽の中心部で起こった核融合で生まれた光は，その瞬間から初期宇宙の光子が間違いなく同情するであろう問題に直面する．中心部で生まれたそれぞれの光子は，超高密度のプラズマの中を70万kmもかき分けて進まなければならない．少し進むと，水素原子核にぶち当たり，吸収され，そしてでたらめな方向に放たれる．吸収され，放出され，再び吸収され，放出され……．これを1兆回もくり返す（この過程は親しみを込めて「酔歩」とよばれている）．最終的に光子が太陽の表面に到達するのはこの旅を始めてから，じつに17万年後のこととなる．

誕生から3分も経たないうちに，宇宙には最初の元素：水素（1個の陽子），重水素（水素の同位体で1個の陽子と1個の中性子からなる），ヘリウム（2個の陽子と2個の中性子）と，ごくわずかのリチウム（3個の陽子と3個の中性子）がつくられる．しかし，これらの原子核が電子を捕獲して安定な原子になるには，宇宙のエネルギーはまだ高すぎる．合成されたこれらの粒子は飛び回り，お互いにぶつかって，また，バラバラになる．原子核を回る電子の数が多かったり少なかったりする原子のことをイオンという．プラスとマイナスのバランスがずれているから，イオンは荷電粒子である．たとえば，完全な水素原子はプラスに帯電した1個の陽子と，そのまわりを回るマイナスに帯電した1個の電子からなる．プラスとマイナスが打ち消し合い，ひとつの中性な原子になっている．中性なヘリウムでは，2個の陽子と2個の中性子（この名前が示すように中性子は電気的に中性である）で原子核をつくり，そのまわりを2個の電子が回る．

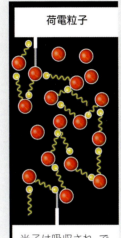

酔歩

光は非常に速くまっすぐ進むが，酔っぱらった人ができないのと同じように，初期の高密度の宇宙ではそれは不可能だった．

荷電粒子

光子は吸収され，でたらめな方向に放出される．

　したがって，この時点で私たちが持っているのは中性原子でできた安定な宇宙ではなく，グルグルとかき混ざっている濃密な超高温プラズマの海である．プラズマというのは帯電した熱いガスのことで，このときの宇宙は太陽とよく似ている．実際に宇宙はそれ自体が巨大な恒星のようだ．活発なプラズマ粒子の運動のせいで，光は遠くまで伝播できない．あまりにたくさんの粒子や自由電子がビュンビュン飛び回っているから，光子はそれらに遮られて，吸収されたり散乱されたりしてしまうのだ．

　これまでに登場した他のすべての段階と違い，この輻射優勢期とよばれる期間は一瞬で終わったりはせず，約38万年間続く[※4]．陽子よりも小さな宇宙の種が現れてから，この輻射優勢期が終わるまでのすべての出来事は，理論と観測事実からわかったことで，物理学者にしか解明できない領域である．

　でも，そのような状態も終わる．原始プラズマでできた檻から光が解放され，これによって天文学者に仕事が舞い込むようになったのだ．しかし，その前にひとつ重要な出会いが必要だ．再結合である．

※4 訳注：初期の宇宙では輻射（光の放射）のほうが物質（原子）よりも密度が高い（輻射優勢期）が，宇宙が膨張すると輻射がより速く薄まるので，物質のほうが密度が高くなる（物質優勢期）．両者が等しくなるのは宇宙誕生から約5万年後で，等密度時（イコールタイム）という．ふつうは輻射優勢期の終わりを等密度時とするが，本書では輻射と物質との相互作用が切れる再結合時までとしている．

宇宙誕生

天文学者はどのように過去を「見る」のか

光が私たちの目（または望遠鏡のレンズ）に届くまでには時間がかかる．したがって，より遠くにある物体ほど，時間をさかのぼってその物体を見ることになる．裸眼で見える最も遠い星までは地球から16000光年離れているから，人類が石器時代だったときの星の姿を見ていることになる．今，その星は爆発しているかもしれないが，あと16000年間は私たちはそれを知ることができない．

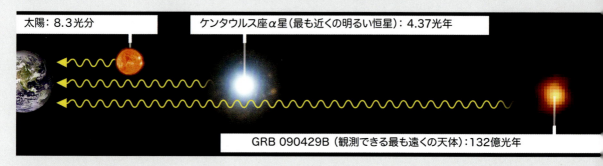

光は真空中を1秒間に300000km，つまり地球を7周半進む．1光年は光が1年間に進む距離で，9460800000000kmである．

再結合期（宇宙の晴れ上がり）

　再結合期というのは，宇宙の物語の中で温度が十分に下がる時期（およそ3000℃）のことで，このときに水素イオンやヘリウムイオンなどの荷電粒子は自由電子を拾い上げて，それを安定な軌道に閉じ込められるようになった．

　再結合は少し誤解をまねく用語である．というのは，そもそもこれらの原子核はそれまで一度も電子と結合したことはないからだ（『不思議の国のアリス』で三月ウサギが何も飲んでなかったアリスに，もう1杯お茶はいかが，と尋ねているのと同じである）．しかしながら，宇宙物理学者だけが知っている理由で，宇宙の物語の中でこのきわめて重要な転換点は再結合期といわれている．

　こうして私たちが知っている安定な原子が誕生し，ついに光が自由を手に入れる．広大な宇宙をまっすぐに進めるようになったのだ[※5]．天文学者にとっては，宇宙を覆っていた巨大なレンズキャップが外された瞬間といえる．

　レンズキャップが外されてからほとんど140億年たって，この「最初の光」が地球にある電波望遠鏡で検出された．それを天文学者は，宇宙マイクロ波背景放射（CMB[※6]）とよんでいる．この光は全宇宙でほぼ同時に発せられたので，幼い宇宙の完璧なスナップ写真を撮ることができる．そこには38万歳のときの宇宙の構造がはっきり描かれるのだ（ページを1枚めくってみよ）．

※5 訳注：光が（雲などで）遮られずにまっすぐに進めるようになったので，再結合の現象を「宇宙の晴れ上がり」ともいう．日本で命名された用語である．
※6 訳注：Cosmic Microwave Background Radiation

ビッグバンを継ぎはぎする

　この章の初めのほうで，インフレーションとよばれる宇宙が指数膨張をする短い時期があったことをお話しした．今日では，このアイデアはほとんどの宇宙論学者に受け入れられているが，インフレーションが提唱された1980年代では，宇宙マイクロ波背景放射の発見がビッグバン理論に空けた厄介な風穴を継ぎはぎするための，ずいぶん過激なアイデアだった．

　1940年代，ビッグバン理論を支持する物理学者は，宇宙が本当に高エネルギーの輻射の大渦巻きのように誕生したのであれば，その後の数十億年にわたる膨張の間に初期の輻射は冷やされ，かつ電磁スペクトルのマイクロ波領域くらいにまで波長が引きのばされると予想した．私たちが宇宙にある電磁波の「ノイズ」を十分遠くまでさかのぼって観測し，いにしえの光子を検出できれば，宇宙がマイクロ波の絵の具でカンバスに描いた絵を見ることができるはずだ．

私たちはどのように過去を「見ている」のか

　目を開いてまわりの世界を見るときはいつでも，あなたは過去を見ている．

　光は非常に速く，秒速30万kmで進むが，それでもその物体から目まで飛んで来るには時間がかかる．あなたが見ているのはその光が発せられたときの物体の姿だから，つまり，過去の姿を見ているのだ．

　近くの物体では，光は速いので，時間の遅れは実質上ゼロとしてよい（1m離れていると，遅れはたった10億分の3秒だ）．しかし，遠方の物体では，光はより長く旅をしてこなければならない．したがって，あなたはより過去を見ることになる．

　太陽からの光は，地球に着くまでに1億5000万kmの距離を進むから，私たちは8.3分前の太陽を見ているのだ．

　裸眼で見える最も遠い星はカシオペア座のV762で，地球から1億5400万kmの10億倍の距離がある．これは，16308光年に相当するから，私たちは16000年以上前のその星の姿を見ていることになる（この光が星を出発したとき，私たち人類は石器時代の中頃だった）．

　この時間差は望遠鏡を使用するとずっと極端になる．最新の望遠鏡で見える最遠の天体は，GRB 090429Bというガンマ線バーストで，光が私たちに届くまでに132億年かかる．

ビッグバンの残響
赤ちゃん宇宙の最初の写真

これは欧州宇宙機構(ESA)のプランク衛星によって得られた宇宙マイクロ波背景放射(CMB)の図。ビッグバンから38万年後の姿で,宇宙の最初の光を表している。宇宙の温度が下がり,中性の水素やヘリウムの原子が形成され,光子が邪魔をされずに自由に空間を進めるようになったときの光である。

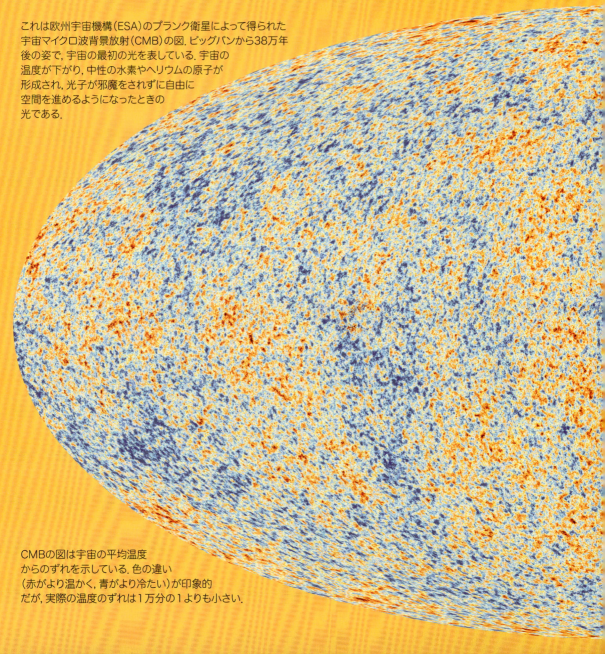

CMBの図は宇宙の平均温度からのずれを示している。色の違い(赤がより温かく,青がより冷たい)が印象的だが,実際の温度のずれは1万分の1よりも小さい。

| ビッグバン | 粒子形成 | CMB | 暗黒時代(ダークマター構造) | 初代星と活動銀河 |

138.2億年前　　　　　　　　　　ビッグバン後 377000年　　　　　　　　　2億年

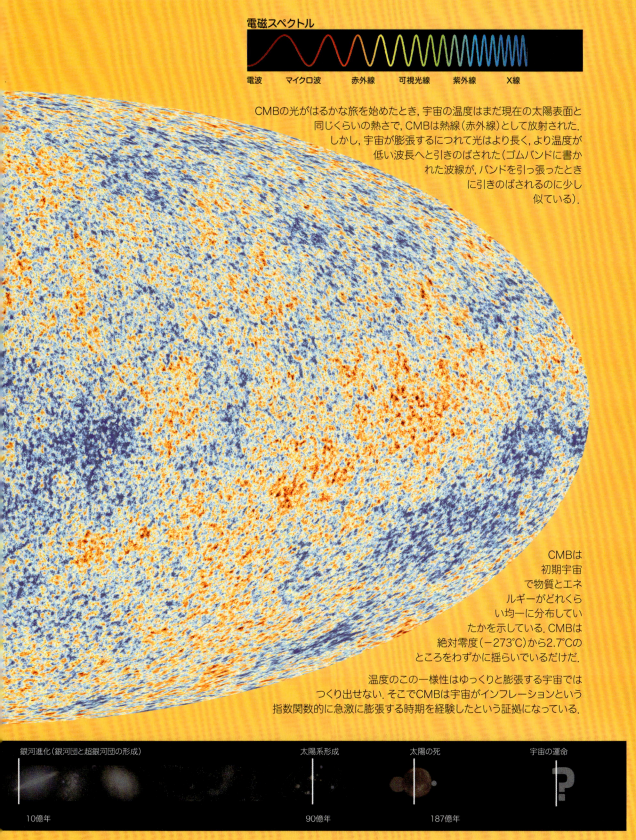

電磁スペクトル

電波　マイクロ波　赤外線　可視光線　紫外線　X線

CMBの光がはるかな旅を始めたとき，宇宙の温度はまだ現在の太陽表面と同じくらいの熱さで，CMBは熱線（赤外線）として放射された．しかし，宇宙が膨張するにつれて光はより長く，より温度が低い波長へと引きのばされた（ゴムバンドに書かれた波線が，バンドを引っ張ったときに引きのばされるのに少し似ている）．

CMBは初期宇宙で物質とエネルギーがどれくらい均一に分布していたかを示している．CMBは絶対零度（−273℃）から2.7℃のところをわずかに揺らいでいるだけだ．

温度のこの一様性はゆっくりと膨張する宇宙ではつくり出せない．そこでCMBは宇宙がインフレーションという指数関数的に急激に膨張する時期を経験したという証拠になっている．

銀河進化（銀河団と超銀河団の形成）	太陽系形成	太陽の死	宇宙の運命
10億年	90億年	187億年	?

宇宙誕生　45

宇宙インフレーションとCMB

宇宙マイクロ波背景放射（CMB）に見られる温度ゆらぎは，量子論における不確定性原理で説明される．

宇宙が陽子よりも小さかった頃，量子泡の中にあったエネルギーのゆらぎが宇宙の種に刻み込まれた．

インフレーション期に宇宙が急膨張すると，そのゆらぎも一緒に拡大した．

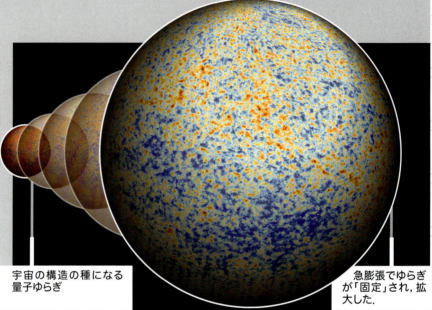

宇宙の構造の種になる量子ゆらぎ

急膨張でゆらぎが「固定」され，拡大した．

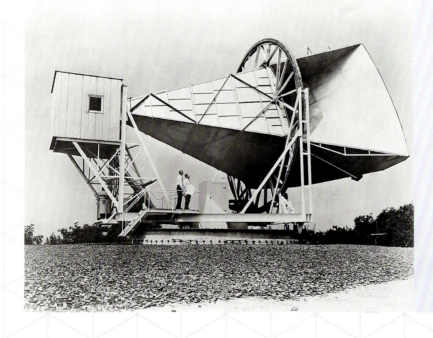

ニュージャージーにある，ホルムデル・ホーンアンテナ，または「ラージ・ホーン・アンテナ」．このアンテナを用いてペンジアスとウィルソンがビッグバンによる放射の残光である宇宙マイクロ波背景放射（CMB）を「偶然」発見した．

CMBは1964年，ラージ・ホーン・アンテナ（巨大な補聴器のホーンの形をした電波アンテナ）を用いた実験で，電話通信会社の技術者だったアーノ・ペンジアスとロバート・ウィルソンによって初めて検出された．彼らは新しいアンテナのテストをしているときに，シューッという奇妙な一定のノイズに気がついた．このノイズは消すことはもちろん，何が原因で発生しているのかもわからなかった．この「誤動作」にだんだんいらだってきた矢先，彼らはハトの一家がアンテナに巣をつくっているのを見つけた．ノイズの原因はハトの糞だとひらめいて，すぐさまそれを取り除きにかかった．（念のために）ハトも撃った．が，ノイズは頑として消え去ろうとしなかった．

　この話を聞いた物理学者，ロバート・ディッケとジム・ピーブルズ，デビッド・ウィルキンソンはびっくりした．宇宙が初めに高温だったことの証拠をこれから探そうと計画していたからだ．糞の話とさまざまな状況から推察し，このノイズはビッグバンからの電波信号だという結論に至った．ペンジアスとウィルソンはCMBを探したのでもなく，知ってすらいなかったわけだが，その発見に対して，1978年にノーベル物理学賞を受賞した．一方，ディッケらには何もなかった[※7]．

　CMBの発見はビッグバンの正当性を証明したと考えられたが，すぐに問題があることがわかった．それはCMBが「完璧すぎた」ことだ．初期の観測では，宇宙のどこを見ても背景放射は完全に一様であった．しかし，ビッグバン理論が示すように宇宙が大爆発から始まったのなら，初期宇宙の物質分布は（爆発から飛び出した破片のように）でこぼこになるはずだった．その結果として，場所によって背景の温度にも大きな差が出ると考えられていた．一様なCMBはビッグバンの火の玉が完全に一様であったことを意味し，これは非現実的と思われた．

　しかもなお悪いことに，仮に背景放射が完全に一様だったとしても，ビッグバン理論は破綻してしまうのだ．というのはその場合，ふぞろいな部分（物質が少し濃くなったり薄くなったりの継ぎはぎ）がなく，星や銀河へと成長する種もないことになってしまう．もちろん，大事な読者であるあなたも存在しないことになる．

　幸運にも，（宇宙の他の物体と同じように）あなたは存在している．観測機器の感度が上がってくると，CMBは初期の観測ほど一様ではなく，背景放射にわずかなムラがあることがわかってきた．しかし，ビッグバン理論はまだ危機を脱していなかった．なぜ，背景放射がこのように「ほぼ」一様なのかを説明できていなかったのである．温度が場所に関係なく非常に一定であることは，絶対的で不可侵な物理法則のひとつが破られていることを意味している．光速で説明される因果関係だ．

　広大な宇宙の広がりはすべての方向においてほぼ等しい．しかし，それほどの距離を隔てて分けられた領域が，どうして同時に，かつ厳密に同じ温度になるようにお互いを知り得たのだろうか．

※7 訳注：原著では，ディッケとともにガモフがCMB発見に名を連ねたことになっているが間違いなので本文から削除した．ガモフはCMB発見の論文に自分の業績の引用がなかったため，ディッケらに抗議の手紙を残している．

互いに見えない銀河

2個の銀河を考える. 地球からは両方とも見えているが, 銀河どうしは互いが見えないことがある. なぜなら宇宙はたった138億歳で, 光が2つの銀河のあいだを伝わるのに十分な時間がないからだ. 光で時間が足りないなら, 他のどのような情報伝達手段を用いても無理である. たとえば, 太陽は地球から8.3光分離れているから, それが突然消えたとしても, 私たちは太陽が消えた効果を8.3分間は感じることはない.

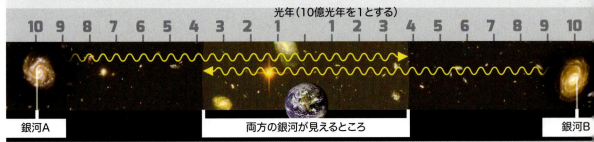

　まあ, 私たちの上品な会話ではその言葉を発することは決してないと思うけれども, とうとう物理学者が好んで使う言葉を披露するときがきた. それはエントロピーだ. このエントロピーが最大の状態というのは平衡状態を表し, 自然界はそこに向かって物事が進んでいくことになっている. これを大まかにいうと, きれいに整っている系は本来不安定で, 乱雑でバラバラになると安定になることを意味している（鉛筆が机の上でまっすぐに立っている状態は整っていて, 位置エネルギーが多く, それ自体は不安定である. そこで鉛筆は倒れてエネルギーを減らし, 無秩序へと「向かおうとする」. 私たちの部屋がすぐに散らかるのも, このせいかもしれない）.

　温度に関しても同様のことがいえる. 70℃のコーヒーカップを, 20℃のキッチンに置いたとしよう. コーヒーの中に整然と集められたエネルギーは, 室内との温度差がなくなるまでキッチンへと受け渡され, エントロピーは最大の値に到達する. これが熱力学の第2法則が表す現象である.

　ビッグバン理論が最初に予言していたように, 熱い領域と冷たい領域とがでこぼこに入り交じった状態で宇宙が生まれたなら, それはキッチンに置かれたコーヒーと同じようになるだろう. 熱い領域のエネルギーが冷たい領域へと受け渡されて, 宇宙の隅から隅まで同じ温度になっていく.

　これは, CMBがまさに私たちに示したとおりの状態であるのだが, これのどこが問題なのかって？

　問題は宇宙の年齢である. エネルギーが一様になるための時間が十分になかったのだ. 次のように考えてみよう. 私たちからそれぞれ逆の方向に100億光年ずつ離れた2つ

の空間領域，つまり，お互いには200億光年離れた領域を考えてみよう．これだけ離れていても宇宙は等しい背景温度，さらに同じように分布したほぼ同じ種類の銀河たち．まったく瓜二つである．

しかしながら，それらの領域を行き来するのに最も速い光でさえも（そしてエネルギーも）200億年かかってしまう．宇宙はまだ138億歳．時間が足りない……．

この難問の答えが，宇宙インフレーションである．まだ宇宙が非常に小さかった頃，互いに反対側にあった領域どうしは熱のやり取りができるくらいに近くにあった．また，宇宙は比較的ゆっくりと膨張を始めたに違いない．そうでないと，温度が一様になる時間が足りなくなってしまうからだ．

ところが，このゆったりしたペースで宇宙が膨張し続けると，とても今日の大きさまで成長できない．宇宙が「一様化」するまで十分に待ち，それから急激な膨張を引き起こすおまけのエネルギー「キック」を加える（統一された力の崩壊によって解放されたエネルギー）ことで，私たちはちょうど正しい大きさで，ちょうどよい温度の宇宙をつくることができたのだ．

しかしながら，CMBはそこでいたずらをやめなかった．望遠鏡が改良されて感度が上がりCMBをより正確に読み取ることができるようになると，別の問題が浮かび上がってきた．今度は温度が十分に一様ではない！

ビッグバンの短いテレビ経歴

デジタルテレビが登場する前は，周波数がずれたテレビや，間違った信号に合ってしまったテレビのスクリーンにはザーザー音とともに白黒パターンのダンス※8が映し出された．悪態をつきながら急いで画面を大事な試合に戻そうとしている視聴者は気づかないだろうが，そのザーザー音の1％はCMBが原因で生じている．ビッグバンから出た光は130億年以上旅をしてきて，電波へと引きのばされる．そして地球に到着すると，テレビアンテナに集められて，テレビスクリーンの砂嵐へと変換される．壮大な旅の果てに，なんともさびしい最後だと思わないか．

※8 訳注：「スノーノイズ」や「砂嵐」という．

量子泡の中へ

　宇宙マイクロ波背景放射（CMB）を探査する最新の望遠鏡は，欧州宇宙機関（ESA）のプランク宇宙望遠鏡（人工衛星）だ．ドイツ生まれの理論物理学者マックス・プランクにちなんで名づけられた望遠鏡は，この上なく詳細なCMB観測を行い，ほぼすべてにおいてビッグバン理論が最も矛盾なく宇宙の起源を説明するという確証を与えた．新たな観測は宇宙の年齢を137.3億年から138.2億年に引き上げ，宇宙を構成する通常の物質と，ダークマター，そしてダークエネルギーの量を精密に割り出した（暗黒のミステリーについては後ほど）．プランクは1918年，量子力学の業績でノーベル賞を受賞している．

　2013年，プランク衛星はこれまでに最も詳細なCMBの地図をつくり出し，それによって，最も単純なインフレーションモデルは観測と合わないことがわかった．そして，プランク衛星は以前のより感度の低い望遠鏡によってそれとなく予想されていたことを裏づけた．それは，宇宙は完全に均一というわけではなく，温度ゆらぎがインフレーションの予言よりもっと大きかったということである．

　幸運にも物理学者はこの問題の答えを見つけるために，怪しげな量子の旅行カバンをそれほど深くまで掘り返さなくてもすんだ．

　量子論の不確定性原理によると，私たちが空っぽと思っている空間は，本当はまったく空っぽではないという．小さな原子の領域を越えてまさに極微の量子スケールまで物事を見られるとしよう．すると，あなたは量子泡に到達する．

　量子泡は理論的に考え出された時空の「おおもと」で（3章，「奇妙な量子力学」，64-65ページ参照），いうなれば宇宙の布地をつくるはた織り機だ．このスケールでは物質やエネルギーは宇宙のエネルギーを借りて小さな

これでも原子は小さいって思う？

量子泡を体験したかったら，プランク長よりも小さく縮まなければならない．量子力学の生みの親，マックス・プランクにちなんで名づけられたプランク長は，ある意味で大きさの下限といえる．何もこれより小さく，短くはならない．

それはとてもとても小さくて，たとえばあなたが原子の直径を1秒間に1プランク長ずつ端から測っていくとすると，全部終えるまでに宇宙の年齢の1000万倍（13800000000×10000000年）もかかってしまう．

粒子の泡として文字通りに「ひょこっと飛び出して」その姿を現し，またそのエネルギーを返して，サヨナラといってパッと姿を消してしまう．

こうした粒子のモグラたたきゲームは，現在の宇宙にはたいした影響を与えない．しかし，宇宙が原子よりも小さかった時代にさかのぼれば，この小さな変化はまさに一大事だった（ノミにとっては雨粒の一滴が大問題のように）．

インフレーションが始まった瞬間に存在していた量子ゆらぎは，宇宙の膨張に乗って引きのばされ，CMBに刻み込まれたはずである（斑点模様が描かれた風船を膨らましたときのように，インフレーションによる膨張で小さな斑点が大きくなったのだ）．

これは理論家にとっては問題だったかもしれない．しかし，総合的に見ると温度ゆらぎは本当にすばらしいものだったのだ．温度ゆらぎは，インフレーションが終わったときに宇宙に刻み込まれた密度の違いや物質の分布（物質が多くあるところは，温度が高くなる）を反映し，まさにこの本の残りのページでつくり上げる宇宙の設計図となった．これらのわずかに密度が高かった領域は，まわりよりも少しだけ重力による引力が強く，周囲の物質をゆっくりと蓄積して重力の種を形成した．4億年くらいかけてそれらが星や銀河になるのである．

しかし，この段階で私たちの宇宙では明かりが消えようとしている．

皮肉なことに，超高温の雲から安定な原子が生まれ，最初の光（すなわちCMB）が宇宙の全域で広がったと同時に，宇宙は真っ暗闇へと陥ってしまったのだ．燃え盛っていたプラズマの火は消え，天空を往来する新たな光を発する星はひとつも存在しない．天文学者が「暗黒時代」とよぶ時期の始まりである．宇宙は暗く，冷たく，反応のないまま数億年を過ごすことになる．

再び事件が起こるまで待っているあいだに，宇宙をつくるために使用する粒子（とそれらをつなぎ合わせておく自然界の力）のブロックについて勉強しておこう．

宇宙の進化の冒険は4章（「宇宙はフォース（力）が強い」，70ページ）から続けることにする．

原子はこうして見つかった

ここでは宇宙のキャンプファイアを取り囲んで，宇宙を構成する原子の組み立てブロックがどのように発見されてきたのかお話ししよう．原子の構造がいかに私たちの想像を超える奇妙なものなのか，わかっていただけるであろう．

うして宇宙は透き通り，ビッグバンの残光（CMB）の光子が，私たちの望遠鏡に届くまで，ほぼ140億年におよぶ旅を始めた．新たな光子がつくられるには，まだ数億年必要だ．だから，光が再び点灯するまでしばらく時間をつぶすとしよう．

　20世紀初めにテレビが発明される以前は，人々はお互いに物語を語り合いながら暗く寂しい夜を過ごしたものだ．消えかかっているビッグバンの燃えさしに集まってごらん．どのように原子が発見されたのかお話しを始めよう……．

分割できない原子

　原子の物語は，紀元前5世紀の古代ギリシャまでさかのぼる．チュニック※1をまとった哲学者デモクリトスは，物質はこれ以上分割できないという意味の「アトモス（atomos）」という小さな粒子で構成されている，と考えた．これらの粒子よりも小さなものはないから，「原子（アトム）」に割ることができないという名前を与えたのだ．

　それから，2000年間はこれといって何も起きず，原子のことはほとんど忘れられていた．17世紀のヨーロッパで，アイルランドの化学者ロバート・ボイルが，気体は互いに広く間隔をあけた原子からできているということを示したときに，つかの間の話題に上がり，そして，18世紀にフランスの化学者アントワーヌ・ラボアジエが初めて化学元素のリストをまとめ上げたとき，再び注目された．

　19世紀の初め，イギリスの物理学者で化学者でもあるジョン・ダルトンは，原子理論を考案した．ダルトンの原子理論は古代ギリシャのものとほとんど同じだったが，異なる元素は違った大きさの原子からつくられていて，原子どうしが結合してより複雑な複合物を生み出せるところが新しかった．また，彼はいくつかの化学元素の質量（原子量）を真面目に計算しようとし，そして化学記号を取り入れた最初の人物でもある．

　それから数十年後，ロシアの化学教師ドミトリ・メンデレーエフは，化学元素の解明に取りかかった．その当時，原子が集まって集団になるのは，その原子の質量の関係で決まっているのか，または何か別の相互作用によるためだと考えられていた．しかし，メンデレーエフは元素はある種の基本的な秩序を持っているに違いないと信じていた．彼は13年間かけてデータを集め，世界中の化学者と書簡を交換した．パズルのパーツが全部そろったと確信すると，彼はひとつひとつの元素の名前と原子量をカードに記し

※1 訳注：古代ギリシャで着用されていた貫頭衣．
※2 訳注：ソリティアはひとりで遊ぶトランプゲーム．

て，それらを体系化しようとした．三昼夜，その「化学ソリティア※2」に没頭したのち，彼は原子量に基づいた一覧をつくって，それらを9個のグループ（気体や金属，非金属など）に分けた表にまとめ上げた．そして，1869年，元素の周期表を出版した．

メンデレーエフの周期表は原子に対する私たちの理解に革命をもたらし，新たな舞台の幕を上げた．原子が主人公になって真の注目を受けるにふさわしいその舞台は，量子の科学であった．

次の大きなステップは1897年にやってきた．イギリスの物理学者ジョセフ・ジョン・トムソンは，陰極線の性質を解き明かそうとしていた．陰極線というのは真空管の中で陰極（導電体のマイナスの部分）から出る不思議な「光」のことである．彼がプラスの電荷を近づけてみると，陰極線は電荷に引きつけられるように曲がった．ということはつまり，陰極線はマイナスの電荷を持っているのだ．

しかし，彼がその質量を計算してみて，それが最も軽い原子（水素）よりも約1800分の1の軽さであることを発見したときに，本当のブレークスルーがやってきた．こんなに小さな質量だから，それは原子の中から飛んで来たに違いない，と彼は結論づけたのである．このことは分割できないはずだった原子が，より細かく分割され得ることを意味していた．

トムソンは負に帯電したこれらの小さな粒子を「電子」と名づけ，原子の革命的な新モデルに組み込んだ．原子は中性な（全体として電荷を持っていない）ことを彼は知っていたので，電子が持っているマイナスの電荷を相殺するために原子にはプラスの電荷の雲があり，それに電子を振りかけたようなイメージ（干しぶどうのかけらが入ったプラム

ビリヤード球の原子

紀元前5世紀…
デモクリトス（460BC-370BC）

デモクリトスは，原子は固くて分割できない球形の物体だと考えた．

…紀元後19世紀の初め
ジョン・ダルトン（1766-1844）

酸素 ＋ 水素 ＋ 水素 ＝ 水

ダルトンは「ビリヤード球」模型を継承したが，異なる元素は違った大きさの原子でできている，と提唱した．また，いろいろな元素が結合して化合物を構成すると考えた．

プディングのよう)を描いていた.

トムソンは電子の発見に対してノーベル物理学賞を受賞したが,原子のプラムプディングモデルのほうは10年くらいで消えてしまった.

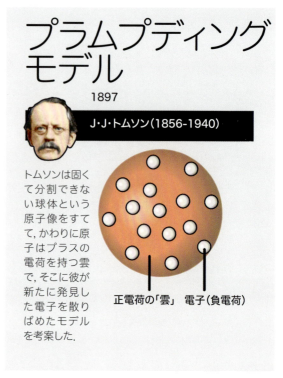

プラムプディングモデル
1897
J・J・トムソン(1856-1940)

トムソンは固くて分割できない球体という原子像をすてて,かわりに原子はプラスの電荷を持つ雲で,そこに彼が新たに発見した電子を散りばめたモデルを考案した.

正電荷の「雲」　電子(負電荷)

太陽系のミニチュア

1909年,ニュージーランド生まれの物理学者エルンスト・ラザフォードはトムソンの原子模型に欠点があることに気づき,彼の2人の学生に実験を行わせていた.彼らの名前はハンス・ガイガーとアーネスト・マースデンで,実験はプラスに帯電した粒子を金箔に当ててその散乱を調べるものだった.トムソンの原子模型に基づくと,打ち込んだ粒子は原子の「雲」を実質的には何も妨げられずに突き抜けるはずだった.粒子も原子もプラスに帯電しているけれども,原子が十分大きく広がっているので,電磁気力があまり効かずに重たい粒子は原子の中をそのまま直進できるというわけだ.

しかし,実際に彼らが見たものは違っていた.多くの粒子はたしかにそのまま通過していったが,いくつかは進路を曲げられたし,残りのごく少数の粒子はなんと逆方向に跳ね返されていったのだ.

この結果からラザフォードは,原子は電子の干しぶどうが散りばめられたプディングのように広がっているのではなく,中心部にプラスの電荷が極度に集中したような構造をしていると結論づけた.彼は(原子)核は別の構成要素でできていると考え,それを陽子とよび,電子は核から離れたところに存在していると提唱した.

ラザフォードの新たな模型では，原子はほとんどの部分が空っぽの空間でできていて，ほぼすべての質量が中心にある小さな原子核に集中することになる．しかし，問題があった．マイナスに帯電した電子は，プラスの原子核にググッと引っ張られるので，どうやって電子を原子核から離れて留めておいたらいいのか．

この問題をうまく回避するために，ラザフォードはニュートンによる古典物理学の旅行バッグの中を探ってみた．そして，電子は太陽のまわりを回る惑星のように，核のまわりの離れた軌道上を回っているとした．惑星が太陽の重力によって加速されることで周回軌道を保っていられるように，電子も原子核のまわりを動いていくときに一定の加速を受け，それによって軌道からはずれて原子核に落ち込んでいかないに違いない，と考えたのだ．

残念なことに，古めかしいニュートン物理学はマクロな世界の出来事には見事な説明を与えてくれるが，ミクロな量子の世界ではまったく通用しないことが，その後数年かけてあきらかにされていく．

量子力学の創始者のひとりであるニールス・ボーアに登場願おう．デンマークの物理学者（その前はサッカー選手だった）のボーアはラザフォードの独創的な惑星模型に不具合を発見した．彼は，優れたスコットランド人の物理学者であるジェームズ・クラーク・マクスウェルが前世紀に行った，電磁気学の研究を思い返していた．マクスウェルは電荷が加速されると放射してエネルギーを失う（レントゲン撮影装置に利用されている）ことをあきらかにしていたのである．

そのため，ラザフォードの模型では加速している電子は同じプロセスでエネルギーを失って，すぐに原子核に落ち込んでしまうのだ．しかし，実際にはそのような現象は起きていないから，

原子核の大きさは？

原子を地球サイズに拡大すると，原子核はサッカースタジアムくらいの大きさにしかならない．原子の残りの部分は空っぽで何もない．スカスカなのである．

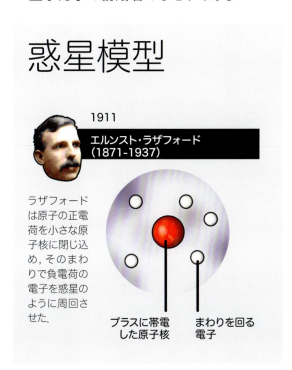

惑星模型

1911
エルンスト・ラザフォード
（1871-1937）

ラザフォードは原子の正電荷を小さな原子核に閉じ込め，そのまわりで負電荷の電子を惑星のように周回させた．

プラスに帯電した原子核
まわりを回る電子

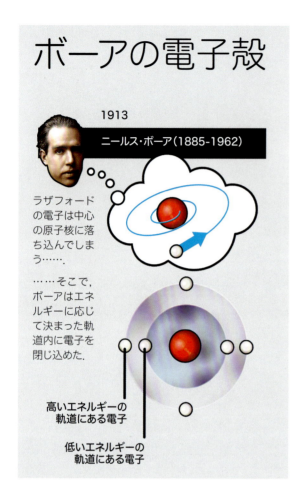

ボーアの電子殻

1913

ニールス・ボーア (1885-1962)

ラザフォードの電子は中心の原子核に落ち込んでしまう……．

……そこで，ボーアはエネルギーに応じて決まった軌道内に電子を閉じ込めた．

高いエネルギーの軌道にある電子

低いエネルギーの軌道にある電子

ボーアは何か別のメカニズムが原子内の電子を留めているに違いないと推察した．

1913年3月6日，ボーアはラザフォードへの手紙の中で，マックス・プランクによる研究に基づいて惑星模型の修正点を説明した．プランクは1899年，量子のレベルで物体がどの程度まで細かく動けるのか，どこまで分けられるのかに限界がある（量子力学的にこれ以上分けることができない最小の距離，プランク長がある．50ページ，「これでも原子は小さいって思う？」を参照）ことを示していた[※3]．ボーアは，電子はそのエネルギーの大きさによって決まった軌道上しか動くことができない，と提唱した．

エネルギーが最も小さい電子は原子核に一番近い軌道上を動き，それ以上落ち込むことはない．そして，最大のエネルギーを持つ電子は最も遠い軌道に入る．電子はエネルギーを獲得したり失ったりして，これらの軌道，すなわち電子殻，のあいだで跳び移ることができる．

この仮説は原子のもうひとつの謎にも答えることができる．科学者は，原子は熱せられたときにある特定の波長の光だけを放射することを知っていたが，誰もそれに的確な説明を与えられなかった．しかし，ボーアの模型ではそれが可能になる．原子が熱せられると，その中の電子はエネルギーを獲得し，より高いエネルギーの軌道へと「跳躍」する（量子跳躍の語源である）．そして，励起された電子[※4]が落ち着くと（光子という形で）エネルギーのかたまりを放出して，もとの低い軌道へと戻っていく．

こうして最後には電子はあるべき場所に落ち着く．しかし，原子の模型としてまだ欠けているものがあった．文字通りに足さなければならないものだ．ラザフォードは，多くの化学元素で原子番号（陽子の数）がその原子量の約半分しかないことに気づいた．それは，あたかも原子の内部に何か別のものが「ひそんでいる」かのようである．

※3 訳注：1899年にプランクは黒体放射に関するプランクの法則を導く過程で，光の最小単位に関係した定数（プランク定数）を見出した．
※4 訳注：内側の軌道を空席にして外側の軌道を回る電子．

1920年，彼はそれはまだ知られていない新たな粒子だと提案した．それは陽子とほぼ同じ質量だが，陽子と電子の電荷のバランスを崩さないように，電気的には中性でなければならない．ラザフォードはこの仮説の粒子を，中性子と名づけた．

　こうして中性子探しが始まった．そして，その成功を手にすることになるのは，ラザフォードの助手をしていたイギリスの物理学者ジェームズ・チャドウィックだった．

　中性子は電気的に中性なので位置を特定するのが難しかったが，幸運にもヨーロッパでのいくつかの発見が中性子を見つけ出すのに必要な道筋をチャドウィックに与えることになった．

　1930年，ドイツの研究者たちが，ベリリウム元素にアルファ粒子（今では陽子2個と中性子2個からなるヘリウムの原子核とわかっている）を衝突させると，物質を突き抜ける奇妙な中性の放射が発せられることを発見した．チャドウィックはこの中性の放射がラザフォードが予言した中性子であることを確信した．

　フランスの実験では，この中性の放射の通り道に固形パラフィンを置くと，パラフィンの原子から陽子が「たたき出される」ことが示された．チャドウィックにとっては，この結果は放射が粒子である決定的な証拠に思えた．

　彼は，原子から粒子をたたき出せるのは，同じく粒子だけだと考えた．想像

周期表の謎

周期表全体を眺めてみると多くの元素の原子番号がその原子量の半分より小さいことがわかる．

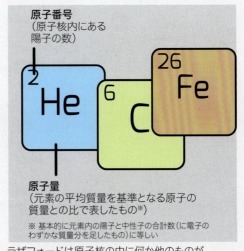

ラザフォードは原子核の中に何か他のものが「ひそんでいる」に違いない，と気がついた．

原子核を分割する

1932

ジェームズ・チャドウィック（1891-1974）

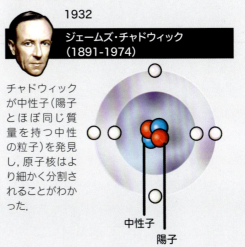

チャドウィックが中性子（陽子とほぼ同じ質量を持つ中性の粒子）を発見し，原子核はより細かく分割されることがわかった．

中性子　陽子

原子はこうして見つかった　59

してみよう. パラフィンの中にある粒子はひとそろえのビリヤードの玉みたいなものだ. そこに突き玉を勢いよく当てると, いくつかの玉はたたかれた衝撃でバラバラに転がっていく. これと同じように, パラフィンから陽子がはじき出されたのだ.

チャドウィックはパラフィンの実験をくり返し, 中性の放射が本当に粒子であることを確かめ, さらに, はじき出された陽子の進路とエネルギーを測定することで, その粒子の質量が陽子と同じであることも突き止めた.

こうして, 数世紀にもわたる追究を経て, 科学者は最終的に正確な原子模型を手に入れた. かつては分割できないとされていた球形の物体が, 陽子, 中性子, そして電子に分けられ, 動きのあるひとつの系にとって代わった. しかし, 物語はこれで終わりではなかった.

初歩だよ, ワトソン君※5

続く数十年で, 原子はさらに正真正銘の殿堂入りしたレゴブロック, クォークへと分けられることになる. まず, アップクォークとダウンクォークの2つ. 陽子と中性子は, この2種類のクォークの組み合わせでつくられている. 他にも, チャームクォークやストレンジクォークなど, 独創的な名前がつけられたより重い親戚たちがいる.

電子はそれ以上小さく分割できないことがわかったが, 電子にも重量級のいとこたちがいる. ミュー粒子とタウ粒子である. 基本的な力(電磁気力や強い核力, 弱い核力)にもそれぞれの担当粒子が存在する.

それから, 物理学者はそれぞれの粒子には反粒子が存在することを発見した. 物質と反物質の双子は質量やスピンは等しいが, 電荷などの量に関して正反対の性質を持っている.

1930年代中頃までに, 物理学者は粒子がそれ以上分割できるかどうかという問題についてゴールに到達したと考えた. 彼らは, 原子を最小の構成物である素粒子, または基本粒子へと解剖したのである. そして, これらのブロックを中心にして, 素粒子がどのように振るまい, お互いにどのように相互作用するのか, つまり, 素粒子物理学の標準理論とよばれる理論的枠組みを構成していった.

こんなに登場人物が増えたにもかかわらず, 原子の基本模型はほとんど変わらなかった. 発案されてから1世紀以上たった今日でも, ラザフォードやボーアの模型は世界中の教室で教えられ, 数えきれないほどの(本書のような)科学本で紹介されている. シンプルでエレガントすぎて, これが真実であるとは話がうますぎる気がしないか? しかし, 驚く必要はない. なぜなら, それが本当の姿なのだから.

※5 訳注:シャーロック・ホームズが友人ワトソンに言う有名な台詞. 初歩(elementary)は「元素の」という意味もある. ただし, 原作にこの台詞は存在しないらしい.

不思議の国の原子

　教室に置いてある原子模型に魅力を感じるのは，私たちがそれを理解して直観的に納得できるからだ．それは小さないくつかの球体で構成された球体で，さらにずっと小さな球体がそのまわりにある球状の殻に閉じ込められている．これらの球が互いに結合するのを容易に想像できるし，小さな小さなビリヤードの球のようにあちこち動き回ったり，押しのけたりするのを思い描くこともできる．しかし，じつのところこれは単なるたとえ話だ．私たちの日常の経験に合致するように，原子の実在をわかりやすく定型化した単なるイメージにすぎない．実際には，原子はあなたが考えているような姿をしていない．

　原子の発見は，まったく新しい科学の一分野，量子力学が誕生する物語でもある．その理論はきわめて神秘的かつ直観に反しているので，それを生み出した科学者たちをも混乱させ，意見の違いから分裂させてしまった．（次ページから続く図を見ればいくらかその様子がわかる．）

　量子力学がどのように登場してきたのか（そしてそれが表している世界）の物語は，複雑に入り組みすぎて，この本で説明することはできない．しかし，それは20世紀を代表する科学観をほとんどすべて含んだ物語でもある．量子力学の創始者たちのリストは現代物理学の人名録のようである：（ほんの一握りをあげれば）マックス・プランク，アルベルト・アインシュタイン，ニールス・ボーア，エルヴィン・シュレーディンガー，ヴェルナー・ハイゼンベルク，ヴォルフガング・パウリ，ポール・ディラック，ルイ・ド・ブロイ，エンリコ・フェルミ，リチャード・ファインマン，など．

　彼らが成し遂げた発見はノーベル賞を次から次に取ることになり，多くの者が世界中に知れ渡って著名人になった．しかし，彼らがあきらかにした世界はあまりに奇想天外，かつ日常の感覚から外れていたので，創始者のひとりであるエルヴィ

68ページに続く ➡

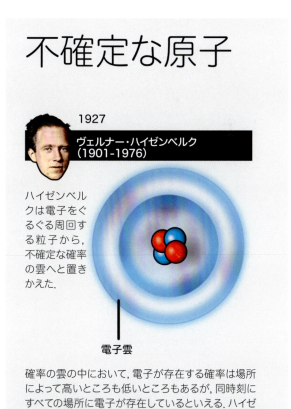

不確定な原子

1927
ヴェルナー・ハイゼンベルク
(1901-1976)

ハイゼンベルクは電子をぐるぐる周回する粒子から，不確定な確率の雲へと置きかえた．

電子雲

確率の雲の中において，電子が存在する確率は場所によって高いところも低いところもあるが，同時刻にすべての場所に電子が存在しているといえる．ハイゼンベルクの不確定性原理（66-67ページ参照）によると，私たちが電子の位置を測定しようとしたときだけ，電子のいる場所が「決定」される．

素粒子の組み立てブロック
粒子をつくる小さなもの

素粒子物理学の標準理論によれば, 原子は粒子からつくられ, その粒子は同様に素粒子からつくられている.

そこで, 素粒子を私たちにより身近なおもちゃのブロックとして考えてみよう. (レゴがおすすめかな. 他の似た組み合わせるおもちゃでもよい.)

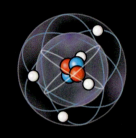

これが今から解明する原子だ:

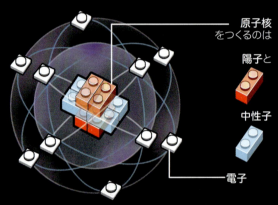

原子核をつくるのは

陽子と

中性子

電子

電子は素粒子だから, それ以上小さく分けられない. しかし, 陽子と中性子はクォークという素粒子からつくられる.

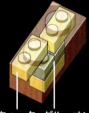

陽子は2個のアップクォークと1個のダウンクォークでつくられる.

中性子は2個のダウンクォークと1個のアップクォークでつくられる.

クォーク グルーオン　クォークはグルーオンで互いに結びついている. グルーオンは力の媒介粒子 (ボソン) で, 後で説明する.

殿堂入りの粒子

素粒子にはフェルミオンとボソンがあり, フェルミオンにはさらにクォークとレプトンの2つの仲間に分けられる. すべての物質は2個のクォーク (アップとダウン) とレプトンの電子との組み合わせでつくられる.

 クォーク
- 宇宙にあるすべての物質はアップクォークとダウンクォークの組み合わせでできている.
- クォークからなる粒子をハドロン (ギリシャ語で「重い」を表す) という.
- 陽子と中性子はバリオンともいわれる.
- クォークには6種類の「フレーバー」があり, 異なる性質と質量を持つ.

 レプトン
- 最もなじみのあるレプトンは電子だ.
- レプトンはクォークからできていない (つまり, より小さく分けられない).
- ミュー粒子とタウ粒子という2つの「重い」レプトンがある.

- もうひとつのレプトンはニュートリノだ. 幽霊のように非常に質量が小さくて, 他の物質とほぼんど相互作用しない.

ボソン (力の媒介粒子)
- ボソンは, 基本的な力 (強い核力, 弱い核力, 電磁気力, 重力) を使ってどのように相互作用するのか, 他の粒子たちに伝達する粒子である.

 グルーオン
- これは強い核力を伝達し, クォークどうしをつなぎ止めて陽子や中性子を形づくる.

 WボソンとZボソン
- これらは弱い核力を伝達し, 放射性崩壊を引き起こす.

 重力子 (グラビトン)
- 理論的な仮説の粒子で, (もし存在すれば) 重力を伝える. 重力子は標準理論には入っていない.

光子
- この小さなエネルギーの固まりは電磁気力を伝える. 電荷を持つすべての素粒子に作用する.

 ヒッグス・ボソン
- この粒子はヒッグス場の粒子的表現 (量子) で, クォークやレプトンに質量を与える.

次の章で基本的な力とその媒介粒子について説明する.

物質

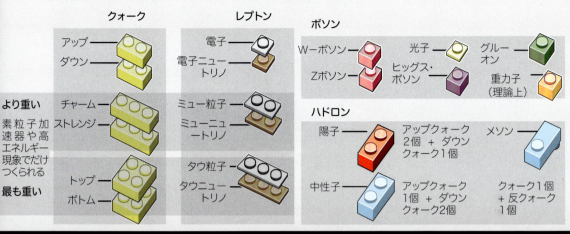

標準理論の粒子には，それぞれに対応する反粒子がある．反粒子では，粒子の性質（電荷）が反対になる．正電荷は負電荷に，負電荷は正電荷に，中性粒子はそのままで，他の性質は変わらない．

反物質

Wボソンを除いて，すべてのボソンは自分自身が反粒子である．

用語体系には意味が無い？

粒子の名前は紛らわしい：
- 素粒子はしばしば基本粒子ともいわれる．
- クォークからつくられる粒子をまとめてハドロンという．また，バリオンともいう．
- しかしすべてのハドロンがバリオンというわけではない．1個のクォークと1個の反クォークで構成される粒子はメソンといい，バリオンとは異なる．
- クォークとレプトンはまとめてフェルミオン（フェルミ粒子）という．
- また，フェルミオンは陽子などのハドロンも含む．

幸いなことに，私たちはこれらをあまり気にしなくてもよい．ほとんどの場合，私たちは陽子と中性子，電子，光子，そして，それほど重要ではないがいくらかのクォークと少しの反物質だけ扱う．

氷山の一角

このページにはたくさんの粒子が紹介されているが，標準理論に登場するこれらの「標準的な」粒子は，氷山の一角にすぎない．

超対称性（supersymmetry）は標準理論の拡張で，その理論ではすべての基本粒子は「双子」（つまり，パートナーを持つ）粒子になっている．もしこうした超対称性粒子（スーパー粒子を略してス粒子（sparticle）ともいう）が存在すれば，それらは標準理論のいとこの粒子よりもずっと質量が大きい．

原子はこうして見つかった 63

へんてこ宇宙：一風変わった科学の側面から見えてくる奇妙な事実

奇妙な量子力学
粒子はどうやって波と粒子になるのか

原子のしくみや電子の振るまいを説明する分野が量子力学である．量子力学の世界は奇抜で不可解で，そして，明らかにヘンテコだ．量子力学では日常のマクロな運動から考えつく予想がすべて裏切られるから，人間の脳は思考停止におち入り，プルプル震えるゼラチンの寄せ集めに変わってしまう可能性が高い．気をつけてくれたまえ．それでは，精神のゼリー変換を始めるにあたり，まず，粒子と波動の二重性から紹介する．

学校で物理学を学んだとき，粒子はちっちゃなビー玉のようなものだと教わった．それは私たちのまわりの世界を形づくっている小さくて丸い物質の入れ物だと．でも，真実ははるかに奇妙なものだった．それでは，有名な実験を始めてみよう．

二重スリットの実験

1 この図は，紙にあけた1本のスリットに光の粒子（光子）を通したときに，どのような現象が見られるかを示している．

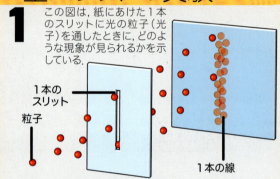

あなたの予想通りに，粒子はスリットを通り抜けて，後ろのシートに1本のたて線を残す．

2 では，ここでスリットを1本追加したらどうなるだろう．今度は後ろのシートに2本の線が現れると思うだろう．しかし，実際に起こるのは……．

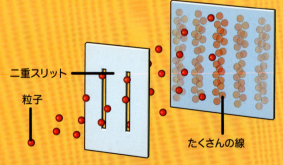

（マクロな現象から予想される）2本の線ではなく，たくさんの線が現れる．どうしてこうなるのか？

3 これに対する説明はただひとつ．粒子があたかも波のように振るまっているのだ．

波は2本のスリットを通過すると，2つの波になって広がり，それらは互いに重なり合う．

ひとつの波の山がもう一方の谷と重なると互いに打ち消し合い，2つの山が出会うと互いに増幅する．こうして後方のシートの上に干渉パターンが生み出される．これは多くの粒子が残す跡とそっくりだ．

4 さらに奇妙なことに，1度に飛ばす粒子は1個だけにして，次々にスリットに粒子を打ち込んでも，干渉パターンは現れる．

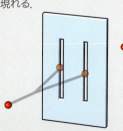 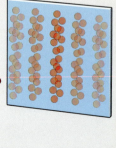

これは，1個の光子が同時に2本のスリットを通過し，波として自分自身と干渉したことを意味している．

ニールス・ボーア
（原子モデルへの貢献でノーベル賞を受賞した）

エルヴィン・シュレーディンガー
（量子力学への貢献でノーベル賞を受賞した）

リチャード・ファインマン
（量子電磁気学への貢献でノーベル賞を受賞した）

「もし誰かが目まいもせずに量子の物理学について考えることができるというなら、

それは彼が量子力学のいろはも理解していないということだ．」

「私は量子力学が嫌いだ．量子力学にかかわってしまったことを残念に思う．」

「誰も量子力学を理解していないといって間違いないだろう．」

粒子と波動の二重性

1個の粒子が2本のスリットを同時に通り抜けられる．というのは，量子レベルでは物質はある決まった状態で存在するのではないからだ．かわりに，粒子は波動関数という「確率」の雲として存在している．

5 もしこれでも不思議でないと思うなら，一方のスリットに検出器を取りつけ，そのスリットを粒子が通過するたびにピーッと鳴るようにする．

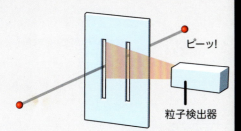

ピーッ！

粒子検出器

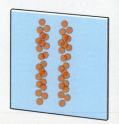

検出器は，それぞれの粒子がどちらか1本だけのスリットを通るのを見定める．すると，後方のシートには2本の線が現れるだけだ．これは前の実験と同じだが，今度は干渉パターンはできない．

いいかえると，光子の波動的性質を調べると，光子は波のように振るまう．しかし，粒子的性質を調べようとすると，粒子のように振るまう．

放っておけば，光子は波と粒子の両方として存在しているように見える．粒子を観測するという行為は，それがどちらであるかを「決めさせて」いるのだ！

量子力学で記述される粒子は，監視されていない子どものようだ．親（または他のマクロな観測者が）がその場で取り押さえるまでは，いつでも何でもやりたい放題だ．

波動関数はドイツの物理学者エルヴィン・シュレーディンガーによって考案された（箱の中の死んでいて生きている猫の問題で有名な彼だ）．波動関数は明確な質点のようなものでなく，空間的に広がった波状の潜在性といった感じだ．

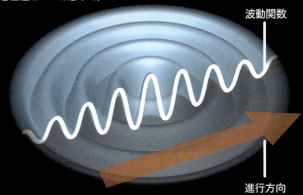

波動関数

進行方向

ふつうの波と同じように，粒子の波は広い領域にわたって広がっているから，それには確定した位置はない（山と谷は粒子の存在する確率が高いところだ）．しかし，進んでいる方向はある．波のようにその伝わる方向を知ることができるが，粒子の位置はわからないのだ．

さらに，もし粒子の位置を測定しようとすると，波動関数は収縮して，もはや私たちはその伝播方向を測ることはできない．粒子の性質すべてを測定することは不可能というこの特質をハイゼンベルクの不確定性原理という．

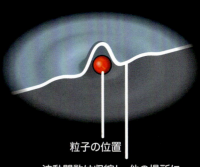

粒子の位置

波動関数は収縮し，他の場所に存在する確率はゼロになる．

さらに奇妙な量子力学
仮想粒子
時間旅行する電子によって「無」から「有」が生まれる

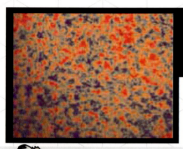

50-51ページで量子泡とよばれるものが出てきた. 量子泡では無の状態からあたかも「物質とエネルギーが文字通りに『飛び出して』有へとなる.」とお話しした. これはいったいどのようなメカニズムなのか…….

粒子と波動の二重性を不可思議だと感じるなら, さらに脳みそを溶解する次のレベルの量子の神に備えておかなければならない. それはアメリカ人の物理学者(であり, ボンゴ奏者※6の)リチャード・ファインマンのすばらしい知能(と, アルベルト・アインシュタインとヴェルナー・ハイゼンベルクによるいくらかの助け)によってもたらされた.

1 まず初めに, アインシュタイン

相対性理論によると時間と空間には深い関係があって(両者を合わせて時空という), 空間を速く移動すると, 時間はゆっくりと進むという. だから光速に近い速度で移動する人の時間の進みは, (相対的に)外でじっと静止している観測者と比べると止まったように遅くなる.

もし, ある人が光よりも速く進んだとすると, (前と同じ観測者にとっては)時間が過去に向かって進んでいるように見える(これが私たちの宇宙で光速が速度の上限になっている理由だ).

2 ハイゼンベルクへ

前に見たように, ハイゼンベルクの不確定性原理によると, 粒子はあらゆる状態で存在しているし, 同時にすべてのことをしている. 誰かが観測することによってのみ, そうした粒子は動きを決定し, ひとつの状態をとることができる.

基本的にこの原理が示すことは「もし粒子がどうなっているのかあなたが見なければ, 粒子は何でもあり!」だ. 「空っぽ」の空間でも同じことがいえる.

あなたが観測している時間が短くなれば, 何が起きているのかはもっと不確定になる.

量子の物理では測定できる時間に最小値が存在する. プランク時間だ. この時間より「短い時間」で生じたことは, その定義が表しているとおり測定できない. そして測定できないのだから, 不確定性原理によって何でもありになる.

3 ファインマンの時間旅行する電子

リチャード・ファインマンは空間を飛び回っている電子を想像していた. すると, 飛んでいる最中に電子がどんどん加速して, 光速を超えてしまった. これを時間と空間を軸にした(軸といっても樹木を切断したものではない)図で描くことにする.

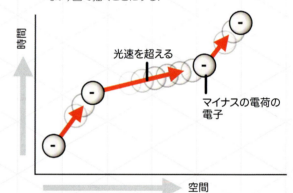

4

ファインマンは考えた. 相対性理論によれば, 光速を超えて飛んでいるあいだ, 観測者にとっては電子は時間をさかのぼって運動するように見えるはずだ. つまり, 最初は時間を順方向に進み, それから逆方向に, そして再び順方向に進む.

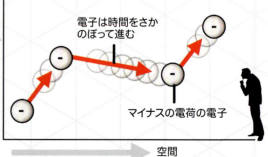

※6 訳注: ファインマンの教科書には, 本人の意図とは違うがボンゴをたたいている写真が大きく掲載されている.

5 物理学者にとっては，時間をさかのぼるマイナスの電荷は，時間を順方向に進むプラスの電荷と等価である．時間を反転することは電子の性質も逆転させるのだ．マイナスの電荷を持った電子の性質を逆にすると，陽電子（電子の反粒子）になる．

したがって，生じる現象は次のようになる．
a. 1個の電子が空間を移動してくる．

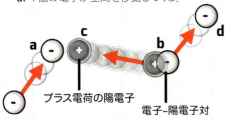

b. ある地点で電子と陽電子が対生成する．
c. 陽電子は最初の電子と出会い，対消滅する．
d. 残りの1個の電子が飛んでいく．

6 つまり，ただ1個の電子からスタートして1個の電子で終わるけれども，ある短い時間の間は実際には3個の粒子が飛び回っているのだ！

わずかのあいだ，3個の粒子が存在する．このとき無から有が生み出された．

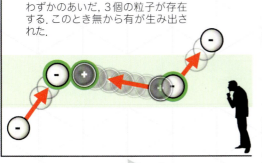

陽電子が生成されて消滅するまでの時間はとても短いから，この粒子を観測することはできない．プランク時間は非常に短く，不確定性原理から何でもありなので，法則が破れることはない．粒子は速度の限界を超え，物質がどこかわからない場所から現れることができるのだ．

こうして生成された粒子を仮想粒子という．

仮想現実

表向きには自発的に現れる粒子は，その定義から，直接観測することはできない．その出現を予言することは，閉まった戸棚の中に見えないゾウが入っているかもしれない，と想像するのと同じくらい無意味なことだ．しかし，物理学者は仮想粒子が観測可能な物質に与える影響を探すことによって，間接的に仮想粒子を検出してきた．

1 水素原子は1個の陽子と1個の電子でできている．

光子が当たると，電子はそのエネルギーを吸収して励起され，高いエネルギーの軌道へと飛び移る．

電子は落ち着いてくると，別の光子を放出して元の軌道へと戻る．

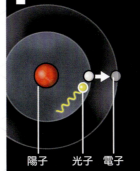

電子は特定の振動数の光を出す．それは光のスペクトルとして観測される．

2 物理学者は吸収されたり，放出されたりする光の振動数を求める式をすでに知っている．しかし，いつもその式が正しい値を出すとは限らない．ときどき，予想とわずかに異なる振動数の光が測定される．

3 じつは，このずれは仮想粒子を入れて計算するとなくなり，結果はピタリと一致する．

短時間だけ存在する仮想電子と陽電子を系に入れると，スペクトルの計算が10億分の1の精度で一致する．これは科学全体で見ても最も精度のいい結果である．

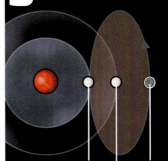

つまり，どんなときでも，仮想粒子を入れた理論は入れないものよりも正確である．

奇怪に感じるかもしれないが，仮想粒子は本当に存在し，（私たちがあとで見るように）それらは実際に原子の質量のほとんどをつくり出している．したがって，あなたの（そして宇宙の）ほとんどの質量は仮想粒子からつくられている．

ン・シュレーディンガーは次のようにさえいっている.「私は量子力学が嫌いだ. 量子力学にかかわってしまったことを残念に思う.」

　思い切って簡単にいってしまえば, 量子力学の世界では物質は一定量の流体の形で存在している. 粒子は形があって触れることができる球体ではなく, 広がった確率の雲として扱われる. その雲の中では粒子はすべての場所に存在し(そして, どこにも存在せず), 同時にすべての状態(粒子でもあり波動でもある)になっている. その世界では電子は時間を逆行して運動することができ, 物質は宇宙からエネルギーを「借りて」, 何もない空間から突然現れることができる. そして, 粒子がどの状態にあるか(またはそもそも存在するかどうか)は, 私たちが観測することによって粒子に「決めさせる」ことができる, というのだ. そして, そう, これはまだまだ簡単なバージョンだ.

　私たちの原子について量子力学が意味しているのは, 整然と回っている電子ではなく, 確率の雲があり, その中で電子はどこにでも存在し得る(そして, どこかに存在し, かつ, どこにも存在しない)ということである.

　間違いなく量子の世界はきわめてヘンテコなところだが, 量子力学は(ビッグバン理論や標準理論とともに)いくつもの正しい予言をしていて, 科学で最も成功した理論のひとつに数えられている. そして, 私たちの宇宙の物語でも重要な一役を演じている.

　しかし, これらすべての粒子ブロックや気まぐれな量子力学を用いる前に, ブロックを一緒につないでおくもの, 粒子の接着剤というべきものが必要である. それは, 基本的な力だ.

どのようにエネルギーから物質ができるのか

　アインシュタインが導き出した有名な式 $E=mc^2$（Eはエネルギー，mは質量，cは光速を表す）は，同じひとつの量に質量とエネルギーという異なる見方があることを示している．したがって，質量とエネルギーに変換可能なのだ．質量は（恒星を輝かせている原子核のかまどのように）エネルギーに変換され，逆にエネルギーは質量へと変換される．

　物質粒子はエネルギーが極度に集中した小さなパケットと見なすことができる．より重い粒子ほど，よりたくさんのエネルギーがその中に封じ込められている（ここでいう「重い」とはより多くの質量（または物質）があることを意味するだけで，サイズが大きい必要はない）．適量のエネルギーと圧力が与えられれば，文字通りエネルギーをギュッと押し込んで物質を生成することができるのだ．

　宇宙インフレーションより前は，物質が形成されるには宇宙はあまりに熱く，高密度だった．しかし，インフレーションの直後に条件が整った．圧力が解放され物質が合体できるようになったのである（ちょうど炭酸飲料のふたを開けて圧力が低下したときに泡が出てくるように）．

　私たちの身体を構成している物質が『アラジンと魔法のランプ』に登場する魔人ジーニーみたいに，何もないところからブワッとわき出るように「よび出される」とは，考えにくいかもしれない．しかし，そんな感じのことが実際に起こっている．物理学者は，ラージ・ハドロン・コライダー（LHC：大型ハドロン衝突型加速器）などの素粒子加速器で行う原子を打ち砕く実験で，（衝突した車から飛び散るガラスの破片のように）その衝撃ではじき出される原子の破片を探しているだけではない．彼らは高密度で火の玉になった原子内部（太陽中心部の100万倍以上高温になっている）において，強烈な圧力やエネルギーによって生み出される新種の粒子も探しているのだ．物理学者がLHCを，「ビッグバンを再現する」といい表している理由である．これはたとえ話や大げさな物言いではない．彼らは本当にミニ・ビッグバンをつくり出しているのだ．衝突する陽子は溶解し，宇宙が生み出される高温高密度な素粒子のスープへと変身するのである．

　加速器実験は宇宙の初めの瞬間について，いろいろなことを調べられる手段でもある．まさに実験室で宇宙を創造しているのだ．

宇宙はフォース（力）が強い[※1]

宇宙をつくり出している基本的な力を説明するときがきた．さあ，みんなにおなじみのたとえ話をたくさん出して話を進めていくとしよう．スター・ウォーズにバズ・フライヤー，それにゾンビも出てくるよ．

※1 訳注:「〜はフォースが強い」は映画「スター・ウォーズ」にたびたび登場するフレーズ

映画「スター・ウォーズ」のなかで，オビ＝ワン・ケノービはジェダイにパワーを与える神秘的な「フォース」について，次のようにいっている。「それは生きとし生けるものによってつくり出されるエネルギーなのだ．われわれを包み，満たしておる．それは銀河を結びつけておる」．

　物理学で力(フォース)というと，それほど神秘的と思われないかもしれない．しかし，(少なくとも表面的には)映画同様にやはり神秘的であり，いろいろな意味でジェダイの定義は的を射ている．宇宙の基本的な力は，まさに私たちとともにあり，私たちを満たし，銀河を(そして，宇宙を)結びつけている．

　物理学者はそれらを，基本的な力とよんでいる．文字通り，宇宙が存在するために基本的な，根源的なものだからだ．宇宙を家にたとえるなら，基本的な力は家の全体を支える土台や柱，梁に相当する．実際，基本的な力がなければ，私たちは壁や屋根を取りつけることができない．

　「スター・ウォーズ」の宇宙では，フォースはあらゆるものに行き渡っているが，そのパワーを取り出して操作するには，肉体という入れ物(ジェダイ)が必要である(決してダース・ベイダーに手渡してはいけない．悪用するだけだから)．標準理論の世界では，力を出す際に使われる入れ物はボソンという粒子[※2]である．

　これらの力を媒介する粒子は，(クォークや陽子，磁石，惑星などの)物体間を行き来して，それぞれが任されている力を伝達する．

　私たちの宇宙には，基本的な力が4種類存在する(ヒッグス場は数に入れない．それについては78ページで詳しくお話しする)．その4つとは，強い核力，弱い核力，電磁気力，そして，重力であり，(重力は別として)それぞれが力を媒介する粒子を持っている．

強い核力

　強い核力，または強い相互作用は原子核を構成する物質どうしをつなぎ止める役割をする．原子核は正電荷を持つ陽子と電気的に中性な中性子からできているが，うまいしくみがないと，こうした粒子は一緒に固まっていることができない．中性子に関しては問題ない．中性なので，別の粒子と一緒に狭い場所に入っていても嫌がるわけでもなく，夢中になって抱きつくわけでもない．問題は陽子のほうだ．

※2 訳注：ボース粒子ともいう．

強い核力

強い核力は，うまく名づけられた力の媒介粒子，グルーオンを交換することによって，原子を形づくっている．

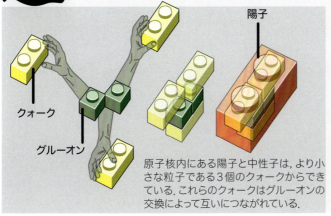

原子核内にある陽子と中性子は，より小さな粒子である3個のクォークからできている．これらのクォークはグルーオンの交換によって互いにつながれている．

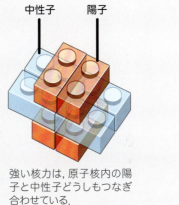

強い核力は，原子核内の陽子と中性子どうしもつなぎ合わせている．

　陽子はプラスの電荷を持っているので，他の陽子と寄り添っていることを嫌う．お互いにはねつけ合い，できる限り離れていようとする．

　あなたが磁石で遊んだことがあるなら，陽子が互いに近くにいるのがどれくらい嫌いかおわかりだろう．もしやったことがないなら（子どもの頃，あなたはいったい何をして遊んでいたのだ？），磁石のN極どうしを近づけていって，

　　　…そのままゆっくりと続けて…
　　　…もっと強く…
　　　…降参？

　そう，実際にうまくいかない．N極どうしがくっつくなんて，ヨーダとダース・ベイダーがソファーで一緒に大きなブランケットにくるまって寝ころびながら，ココアを楽しんでいるようなものだ．

　プラスに帯電した陽子どうしが反発し合う力はとても強いから，それを乗り越えるのは難しいが，強い核力は実際にそれをやってのける．強い核力は陽子の反発力に打ち勝ち，原子核の中に陽子を閉じ込めておくことができるのだ．

　もし強い核力がなかったら，原子はつくられなかっただろう．そして，この本はとても短くなっていたはずだ．なぜなら，存在しない紙の上に存在しない人が存在しない宇宙について書くことになるのだから．

　ただし，強い核力は卓越して強力な力だが，その届く範囲はとても（非常に，きわめて，極端に）狭い．もし，2個の陽子が自分自身の大きさよりも遠くに離れてしまうと，強い核

弱い核力

弱い核力は放射性崩壊を引き起こす。力の媒介粒子はWボソンとZボソンだ。

弱い核力は原子内の陽子と中性子の数を変化させて完全に異なる新たな元素へと変換させる。たとえば，6個の陽子と8個の中性子からなる炭素14は，7個の陽子と7個の中性子からなる窒素14へと崩壊する（この変化は炭素年代測定に使用されている）。

弱い核力は原子核内にあるわずかに重い中性子をわずかに軽い陽子へ変化させる作用がある。

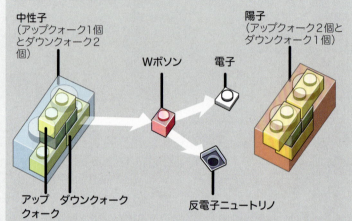

中性子（アップクォーク1個とダウンクォーク2個）

陽子（アップクォーク2個とダウンクォーク1個）

Wボソン　電子

アップクォーク　ダウンクォーク　反電子ニュートリノ

中性子内にあるダウンクォークがWボソンを放出する。

Wボソンは非常に重く不安定で，すぐに電子と反電子ニュートリノへと崩壊する。

3個のうちひとつのクォークの「フレーバー」が変わり，中性子は陽子へと変換する。

力は届かなくなって，他の力（とりわけ初めからずっと陽子どうしを引き離そうとしていた電磁気力）の効果が勝ることになる。大事なことは，最初の段階で陽子は強い核力でお互いに「つかみ合える」ようになるまで，十分接近できていなければならないことだ。つまり，自然な反発力を何らかの作用で乗り越えなくてはならない。このことは私たちが宇宙をつくるときに，後のほうで非常に重要になってくる。

　粒子どうしを接着する（glue）力にふさわしく，強い相互作用を担う力の媒介粒子（ボソン）を，グルーオン（gluon）という。

弱い核力

　人間だったら名誉毀損のような名前だが，弱い核力は，強い核力に劣らず重要である．弱い核力は太陽（や他のすべての恒星）を輝かせ，放射性元素の崩壊，つまり，原子が粒子を獲得したり失ったりして性質を変える現象を引き起こす．

　弱い核力とよばれるのは，強い核力や電磁気力よりずっと弱いからである．強い核力に比べれば相対的には弱い核力だが，短い距離（強い核力の到達距離よりも短い）では劇的な影響をおよぼす．

　放射性元素の内部のような短い距離では，弱い核力は十分強力になって，原子核を形づくっている接着剤をはがすことができる．最も簡単な例では，原子核内の中性子から電子（または陽電子）を失わせ，陽子へと崩壊させる．これによって原子は，他の種類の元素へと変化する．

　放射性崩壊では，原子はエネルギーを失い，そして，（エネルギーと質量は互いに変換可能なので）より軽い元素になる．

　弱い核力は軽い元素どうしを融合させ，より重い元素と余りのエネルギーを生み出すこともできる．つまり，核融合（太陽が輝いているメカニズム）だ．したがって弱い核力なしでは，星を輝かせている中心部のかまどは決して燃え上がらず，宇宙は本当に真っ暗なまま，つまらないことになっていただろう．

　弱い核力には2種類の媒介粒子がある．WボソンとZボソンだ．これらはともに，質量が陽子の100倍ほどある重たい粒子である．

電磁気力

　強い核力と弱い核力は原子核のレベルで作用していて，少なくともちょっと見ただけでは私たちの日常生活にはあまり影響がない．さて，それでは私たちが実際に見えて感じることができる力について説明していこう．

　電磁気力は電荷を持つすべての粒子にはたらく力で（したがって，中性子には影響しない），日々の生活においてその重要性は計り知れない．たとえば，原子の中で電子を陽子に結びつけ，いくつもの原子どうしを結びつけて複雑な分子をつくり出している．

　宇宙の構造は電磁気力によって形づくられている．重い金属であっても，その原子の

電磁気力

電磁気力は電荷を持つ基本粒子に作用する．電磁気力の媒介粒子は光子である．

1. 電子のカウボーイ

電子が陽子のまわりに留められているのは，電子と陽子とのあいだで常に光子の交換が行われているからである．しかし，私たちが光として受けるような光子と違って，それらは仮想光子で，効果は見えるがその光子自体を直接検出することはできない．

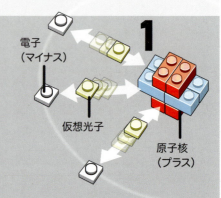

2. 光の旅行者

電磁スペクトルはすべて光子（仮想光子ではなく本物のほう）によってつくられる．スペクトルの赤外線側の光子はエネルギーが小さく（そして波長が長い），X線側は大きく（そして波長が短く）なる．

電波　マイクロ波　赤外線　可視光線　紫外線　X線　ガンマ線

3. 磁気的な性格

光子の交換は異なる磁気のあいだにはたらく引力や斥力，および電磁場の生成ももたらす．

（私たちは磁石には慣れているが）おかしなことに，量子レベルで磁力がどのようにはたらいているのか，じつは誰も知らない．その定義からわかるように，そもそも，仮想光子（それらはプランク時間以下でしか存在できない）について調べることはできないので，どのような作用をしているのか解き明かすのは難しい．

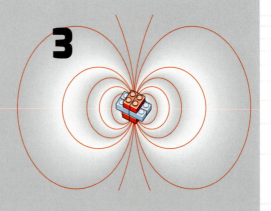

99.999999…%は空っぽの空間である．だから，物質に構造を与える電磁気力がなければ，原子どうしはお互いの中を素通りしてしまう．あなたがいま座っている椅子（または立っている床）をすり抜けずにきちんと留まっていられるのは，電磁気の相互作用による引力や斥力のおかげである．小さな反発し合う極を持った何億（どころではない）もの小さな磁石によって，あなたは椅子と融合せずにすみ，何億もの引き合う極があなたの身体がバラバラになって原子の雲のように漂っていくのを防いでくれているのだ．

　あなたが目で見ている光や聴いているラジオの電波も，食べ物を温めるマイクロ波[※3]や，日焼けするときの紫外線なども（それぞれスペクトルが異なる）電磁気力が担っている．

　電磁気力の媒介粒子は，この本ですでに何度も出てきている．光子だ．光子はエネルギーの小さなパケットでできた質量を持たない粒子で，光速で飛ぶ（光子は光だから当然である）．

重力

　電磁気力と同様に，重力は私たちが普段の生活で認識できるもうひとつの力である．私たちにとって，この最も親しみのある基本的な力は一番わかりやすい……が，見た目にだまされてはいけない．

　突き詰めていえば，重力は物体に重さを感じさせ，ものを落下させる力である．重力は質量に重さを与える（質量と重さは同じ概念ではない．宇宙空間に浮かんでいる宇宙飛行士は重さはないが，質量は確かにある）．重さを生み出す重力がなければ星も銀河も，私たちの惑星も存在しなかっただろう．

　重力は宇宙のような大スケールでも影響をおよぼすことができる唯一の力だ．強い核力と弱い核力は原子核の大きさ程度の範囲にしか力が届かないし，電磁気力は宇宙の遠くまで伝達可能な遠距離力だが，プラスとマイナスの電荷がつり合ってほとんど自分自身で打ち消し合ってしまう．

　重力は距離によって一定にはたらくのではなく，逆2乗の法則にしたがう．つまり，2つの物体間にはたらく重力の大きさはそれぞれの物体の質量に比例し，物体間の距離については2乗に反比例する．要するに2個の重い物体を手に取って，その間の距離を半分にすると重力の大きさは4倍になるということだ．

　力の媒介粒子に関しては，重力波は仲間はずれといえる．重力は標準理論に組み込まれていないので，物理学者は重力の媒介粒子がいったい何なのか，さらに媒介粒子

※3 訳注：電子レンジにはマイクロ波が使用されている．

があるのかどうかさえ，本当にはわかっていない．だが，物理学者は仮想的な媒介粒子を考えて「グラビトン」と名づけてあげたので，重力自身は仲間はずれとは感じていないだろう．グラビトンは（理論上）質量を持たず，光の速さで運動する．

　重力はまたすぐ後に登場する．その前にもうひとつ，新たな基本的な力を紹介しなくてはいけない．

ヒッグス場：もうひとつの基本的な力

　2012年，ヒッグス・ボソンと思われる粒子の発見（この発見に関しては検証しなければならないことがたくさんある）によって，もうひとつの基本的な力，ヒッグス場がリストに加えられた．

　ヒッグス場は，1960年代にイギリスの物理学者ピーター・ヒッグスによって提唱された場で，「なぜ物質には質量があるのか」というきわめて哲学的な問いに答えを与えてくれる．標準理論は，直感からかけ離れた量子世界における粒子の運動について，数えきれないほど多くの予言を与えて成功してきた．だから，標準理論に異を唱える者はいない．しかしながら，標準理論は，なぜ宇宙に質量という概念があるのか，という疑問には答えることができていなかった．

　標準理論によると，ビッグバンで誕生したすべての素粒子は，質量を持たずに生まれてきた．

　ちょっと考えればわかるように，これは重大な（また潜在的に厄介な）手抜かりといえる．なぜなら，質量がないと重力がはたらかず，重力がないとビッグバンからわき出した粒子のスープは決して結合できず，星や惑星，その他何も形成されないことになってしまうのだ．ここに私たちが存在しているという事実がある以上（哲学者の実在に関する考察は脇においといて），これは重大問題だ．

　もうひとつ問題がある．それは異なる基本粒子における質量の違いである．よくわかっている最も軽い素粒子は電子，そして最も重いものはトップ・クォークで，およそ35万倍の違いがある（地球と太陽くらいの差）．だから，（太陽が地球よりも大きいように）トップ・クォークは電子よりもずっとずっと大きいと思われるかもしれない．しかし，これらの粒子の大きさはほとんど同じで，それなのにこんなに質量の違いがあるのだ．

　他の現象の説明でどれだけ成功を収めたとしても，これらの問題が標準理論の枠内

で解決できなければ，心残りはあるだろうが，物理学者は標準理論をゴミ箱に捨てて，一から考え直さなければならない．

そこで，ピーター・ヒッグスが出した答えがヒッグス場だった．それは宇宙に広がった見えない網のような場で，質量を持たない粒子がその中を運動すると，粒子はヒッグス場と相互作用して質量を得る，というメカニズムだ．相互作用が強くなればなるほど，粒子の質量が大きくなる．だから，トップ・クォークが電子よりずっと重いのは，単にヒッグス場とより激しく作用するためなのだ．

他の力に媒介粒子（ボソン）があるように，ヒッグス場にも媒介粒子が存在する．議論の余地はあるかもしれないが，おそらく最初の「セレブ」な粒子として有名なヒッグス・ボソンだ．

多くの物理学者が安堵し，そして逆に標準理論を塗りかえて新たな理論をつくってやろうと躍起になっていた学者たちにとっては困ったことに，50年（そして，100億ドル）をかけて，ヒッグス・ボソンは（少なくともいくつかあるヒッグス粒子のひとつは）2012年にラージ・ハドロン・コライダーで発見された．

しかし，質量に関していうと，ヒッグスの物語ですべてが解決ではない．前の章で見たように，電子は量子の泡から飛び出して，少し動いて，また消えていく仮想的な粒子の「雲」に取り囲まれている．

質量って何？

定義上，質量を持たない粒子は光の速さで運動する．だから，本当は「質量なし物体の速さ」とよぶべきだが，最初に発見された質量を持たない粒子が光子だったので，「光速」というよび名が定着していった．

したがって，光速より遅いスピードで飛ぶ粒子には質量があるといわれる．物体の質量というのは，その速度を変化させるのにどれくらいの努力が必要か，で定義される．質量が大きいほど，それを加速（または減速）するには骨が折れることになっている．

質量と重量の違いは？

質量はその物体がどれくらいの量の物質からつくられているか，を測るものである．質量は重力のもとになり，物体によって決まった量である．

重量は決まった量ではない．重量は重力場でその物体がどれくらいの重さを持つかの指標である．

アインシュタイン教授に登場願おう．

地球上では70kg　　月面では12kg　　しかし，中性子星の上では70億トンにもなる

教授の質量は変わっていない（同じ量の物質でできているから），しかし，教授の質量にはたらく重力の大きさは変化する．したがって，重量も変化する．

宇宙はフォース（力）が強い　79

⚖ ヒッグス場

大規模攻撃（massive attack※4）：ヒッグス場はどうやって粒子に質量を与えるのか

粒子はヒッグス場と相互作用することで，質量を獲得する．相互作用が大きいほど，ヒッグス場はより多くの質量を与える．そう考えると，トップクォークは電子と大きさがほとんど同じなのに，なぜ35万倍も多くの質量を持つのかが説明できる．

このメカニズムを説明するために，レゴも使えるが，今度は代わりにゾンビでやってみよう（みんなゾンビが大好きだから）．

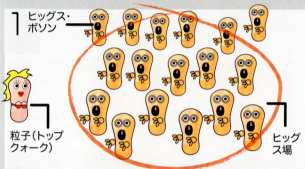

1. 粒子のゾンビでいっぱいの部屋をヒッグス場と考えよう．ゾンビはヒッグス・ボソンに相当し，その部屋に一様に分布している．

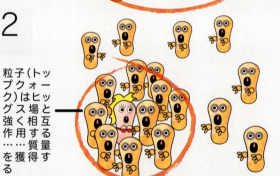

2. 私たちのヒロイン，ミス・トップ・クォークが部屋に飛び込んでくる．ゾンビはセクシーなヒロインの魅力に抵抗しがたく，（ゾンビがふつうするように）彼女のまわりに集まってくる．ゾンビがまわりに押し寄せると，彼女は速度が遅くなり（運動量を失い），質量を獲得する．

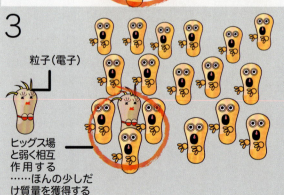

3. 今度は木製人形の偽者ミス・電子が部屋に押し込まれる．すると，ゾンビは木でできた脳みそには興味がないので，ほとんどがこの偽者を無視して，ごくわずかのゾンビだけが彼女を止めようとする．だから，電子はほとんど質量を持たない．

このように，粒子はヒッグス場と強く相互作用するほど，エネルギーを失い，大きな質量を獲得する．

※4 訳注：massiveには「質量を持った」という意味もある（84ページ「『massive』は巨大ではない」参照）．

他のすべての素粒子にも同じ現象が起きている．たとえば，クォークはヒッグス場によって質量を獲得するけれども，（陽子や中性子を構成する）3個のクォーク（とグルーオン）の質量をすべて足しても，陽子（または中性子）の全質量にまだまだ足りない．これは1個1gのレゴ・ブロックを6個使って，500gの宇宙船を組み立てるようなものだ．

　クォークやグルーオンはヒッグス場から質量を獲得するが，じつは陽子のほとんどの質量は，生成・消滅をくり返す無数の仮想的なクォーク・反クォークのペアやグルーオンがつくり出しているのだ．

　実際に陽子の質量（もちろん中性子も）のおよそ95％は，仮想的な粒子からつくられている．要するに，あなたの身体の（そしてこの本の）95％はほんの一瞬（の一瞬の一瞬の……）だけ存在し得る物質で構成されているのだ．

　だから，誰かが「彼は抜けている」というとき，その人は自分が理解しているよりもずっと真実に近いことをいっているのである．

標準理論では仲間はずれの重力（でも，アインシュタインとは気が合う※5）

　基本的な力はそれぞれ異なる性質を持ち，個性があるが，宇宙が現実に存在できるように，そしてしっかりと機能するように協力してはたらいている．物理学者はこれらの力がどのように振るまい，どのように作用するかをひとつの理論に統合したいと考えてきた．しかし，これまでその試みはすべて失敗に終わってきた．

　今までに考え出された中で，最も成功した2つの理論（ここでいう理論とは憶測を意味するのではない）である量子力学と一般相対性理論とが，かなり相性が悪いという事実は，現代物理学にとって大きな皮肉である．強い核力と弱い核力，そして，電磁気力は標準理論の枠内で統一され，これら3つの力が量子レベルでどのように作用するのかが美しく表現されている．しかし，誰もアインシュタインの重力理論を量子のパーティーに誘い出すことはできなかった．

　アインシュタイン自身も重力と他の力を統合しようと，実りのない探求にその人生の残り30年を費やした．彼は，自然世界の法則を表す一組の方程式が存在するに違いないと感じていた．1920年代，重力理論（一般相対性理論）を発表してからちょうど5年後，

※5 訳注：原文の「getting heavy with」〜（〜と気が合う，深い仲になる）」には，重い物体があるとアインシュタイン重力が必要になる，という意味も込められている．

アインシュタインは一見して合わさりそうにない力のジグソーパズルを，ひとつの理論の枠にはめ込む作業に取りかかった．彼はその枠を統一場理論とよんだ．

アインシュタインは知らなかったのだが，あいにくそのパズルにはいくつかの重要なピースが欠けていた．基本の力はまだ完全にはそろっておらず，当時知られていたのは電磁気力と重力だけだったのだ．また，素粒子のバッグにもすべての種類がそろっていたわけではなく，中に入っていたのは陽子と電子だけだった（欠けたピースは1930年代まで発見されなかった）．

さらに研究を困難にしたのは，アインシュタインが量子力学を受け入れなかったことだ（彼の仕事はその完成に一役買っていたのだが）．彼は不確定性関係のような量子力学の奇妙さに不快感を抱いていた．物理学者ニールス・ボーアにいった有名な皮肉の言葉を，おそらくあなたも聞いたことがあるだろう．「神は宇宙でサイコロは振らない」．

結局，アインシュタインは統一場理論づくりに失敗した．何年にも渡り，多くの物理学者が2つの理論を統一しようと挑戦し，ちょうど同じ数の学者が敗れ去っていった．今日に至るまでに，あらゆる種類のますます複雑な，不思議な理論（ここで理論とは憶測，正確には仮説を意味する）がでっち上げられた．ほんの数例を挙げれば，弦理論やM理論，超対称性などだ（これらも後で見てみよう）．

物理学者は，今でも量子力学の枠組みに重力を押し込めようと格闘している．しかし，ここでの私たちの目的，つまり宇宙をつくるために必要なのはアルベルト・アインシュタインによる重力理論（とある程度のアイザック・ニュートンの理論）だけである．

1 しばらくのあいだ，仮想の重力源となるボーリング球を脇に置いておいて，ゴムのシートの上に仮想の軽い物体を表すビー玉を転がしてみる．予想通り，ビー玉はきれいな直線を描いて進む．

2 さて，ボーリング球を持ち上げてシートの上に置く．ボーリング球はシートをゆがめ，くぼみをつくる．シートの上にビー玉を転がすと，ビー玉はまっすぐに進もうとするが，くぼみがあるので，ボーリング球に引っ張られるかのようにそのまわりを回る．この場合，ビー玉は光子を表しているが，実際の光子は質量を持たず光速で運動するので，くぼみに落ちていったりはしない．ただし，空間がゆがんでいるせいで，その経路は少しずれる．

3 重いビー玉を使って，スピードを緩めると，惑星を表すようになる．すると今度はより重力のくぼみへと落ちていく．もしそれが適切な運動量を持っていると，ビー玉はくぼみの端を回っていくだろう．つまり，仮想の星（ボーリング球）のまわりを周回する．もし，運動量が大きすぎると，ビー玉は井戸から逃れ，宇宙空間へと投げ出される．運動量が足りないと，井戸の中に落ちて，星と衝突する．

4 さて，今度はもっと重い物体で試すためにボーリング球を下向きに引っ張ってみる．重力の井戸はずっと深くなり，光子でさえも逃げ出せる運動量を持てない．すべてがくぼみへと落ちていく．ブラックホールのように．

こ れが重力だ．質量を持つすべての物体（あなたや私も）は時空をひずませ，動いている物体は（光でさえも）すべてその影響を受ける．ボーリング球は（ニュートンが考えたように）直接にはビー玉に作用することはない．それはビー玉が運動する時空の形を変えるのだ．

違う考え方をすれば，「スタイリッシュに落ちただけ※6」といえるかもしれない．

※6 訳注：ディズニー映画「トイ・ストーリー」に出てくるせりふ．

重力と「深い」関係になる

アインシュタインの一般相対性理論が記述する重力をイメージするには，宇宙の布地（時空）をゴムのシートに，星のような重たい物体をボーリング球に見なす方法がよく用いられる．

自分だけの時空をつくる

以下に挙げるものを用意する：
・時空を表すゴムのシート
・（星のような）重たい物体を表すボーリング球
・軽い物体を表すビー玉

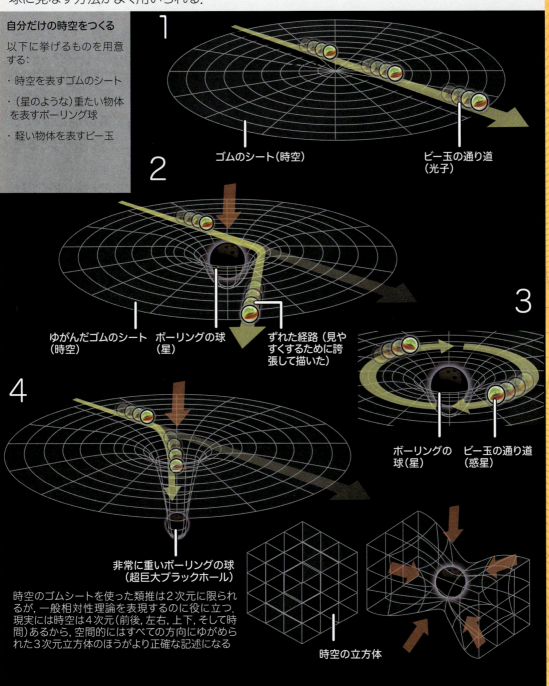

1. ゴムのシート（時空） ／ ビー玉の通り道（光子）

2. ゆがんだゴムのシート（時空） ／ ボーリングの球（星） ／ ずれた経路（見やすくするために誇張して描いた）

3. ボーリングの球（星） ／ ビー玉の通り道（惑星）

4. 非常に重いボーリングの球（超巨大ブラックホール）

時空のゴムシートを使った類推は2次元に限られるが，一般相対性理論を表現するのに役に立つ．現実には時空は4次元（前後，左右，上下，そして時間）あるから，空間的にはすべての方向にゆがめられた3次元立方体のほうがより正確な描述になる

時空の立方体

宇宙はフォース（力）が強い　83

「massive」は巨大ではない

英語に「massive」という単語があり，日々の生活の中では「巨大な」物体のことを表すときによく用いられる．しかし，本書では少し違った意味合いで用いている．それは，「質量を持った」物体とか「大質量の」物体，という意味合いだ．物理学では物体の質量が大きい場合でも，かならずしも巨大である必要はない．

たとえば，中性子星はだいたい大きな都市と同じくらいの大きさだが，質量としてははるかに大きい．中性子星内では，粒子は互いに固く押し込められ，空っぽの空間はすべて絞り出され埋めつくされている．中性子星の物質をティー・スプーンで一杯すくい取って地球へ持ってくると，およそ10億トンにもなる．

それで，アインシュタインの重力って何？

200年以上ものあいだ，アイザック・ニュートンの重力理論は一人勝ちであった．ニュートンの理論によれば，重力は瞬間的に伝わる．だから，もし地球が突然重くなったら，太陽系の他のすべての天体もその瞬間に変化を感じとるだろう．

しかし，1905年，アインシュタインは特殊相対性理論を発表して，いかなるものも光速より速く動くことはできないことを示した．ニュートンの重力が一瞬で伝播するという性質は特殊相対性理論が示す速さの限界とは相いれないものだ．

さらに，1915年，アインシュタインは一般相対性理論を発表し，ニュートンのリンゴ運搬車をひっくり返してしまった．ニュートンの理論では，空間というのは物理の法則がそれぞれの役割を演じるステージのようなものだ．一方，アインシュタインの理論では空間と時間もまた，ステージ上に立つ役者といえる．質量は空間をゆがめ，空間のゆがみが質量を動かすのである．

ニュートンによれば，質量を持つ物体だけが重力の効果を感じることができる．しかし，アインシュタインは光子のように質量を持たない物質にも重力の影響がおよぶと考えた．ニュートン重力では，光は重力の効果から仲間はずれにされていたが，相対性理論では重たい物体の重力によって「曲げられる」のである．

重力はニュートンがいうように質量を持った物体が内在的に(直接)感じる力ではなく，アインシュタインが提唱したのは，重たい物体が宇宙の布地にもたらす効果の副産物である，ということだ．

質量を持つすべての物体は，時空とよばれる宇宙の布地を曲げるのである．物体の質量が大きければ大きいほど，このゆがみは大きくなる(83ページ参照)．この効果はゴムのシートにボーリングの球を置いたときに生じるくぼみによくたとえられている．そして

重力は厄介者

重力を標準理論の仲間に入れて，他の基本的な力と仲良く遊ばせようとする試みは，これまですべて失敗に終わった．

重力は時間と空間をゆがませる能力を持ち，その力で私たちの世界を太陽のまわりにつなぎ止めてくれるので，非常に重要な力といえる．

ところが，実際には他の力と比較すると重力は驚くほど弱い．本当に弱いので，他の力と同じ程度に強くするには1億の1億の1億の1億の100万倍くらい強くしなければならない．

これほど弱い重力だから，あなたでも簡単に重力を打ち負かすことができる．

1本の釘を持ってきてテーブルの上に置く．

重力はその釘を思いっきり引っ張って，地球の重心にできる限り近くなるようがんばっている．

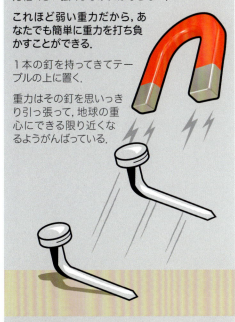

そこであなたは小さな磁石を取り出して釘に近づけていく．やがて，1個の惑星全体がつくる重力を電磁気力が圧倒してしまうのを畏怖の念を持って見つめることになるだろう．

たった1個の原子にはたらく電磁気力に打ち勝つにも，恒星全体の質量が必要になる．恒星の中心部までいくと，ようやく核融合に必要な強さの重力が得られるようになる．

余剰次元

重力が他の力と相いれないことを説明するために，物理学者たちは私たちが知っている3次元空間の他にも余分な次元（余剰次元）があるかもしれないと提唱している．

SF世界では，別の宇宙やパラレル・ワールド（そこには大抵，暗い目とあごひげを持つ，主人公の悪の分身が住んでいる）などで余剰次元が登場するが，物理の世界では余剰次元はそれほどドラマチックというわけではない．

物理学者にとって余剰次元というのは，単に私たち人間が行き来する3つの空間方向以外の，別の方向を表すだけである．それらは私たちが世界を認識するやり方のために，私たちには見えないのである．

M理論といわれる弦理論のひとつ（「M」はMembrane（膜）を表す）によれば，空間は10次元まであり，余剰次元は本当に小さく（小さく，小さく）丸め込まれていて，私たちから隠されている．

わかりにくければ，綱渡りをしている曲芸師を考えてほしい．実質的には彼はロープ上の1次元の世界にいて，前に行くか後ろに行くことしかできない．

次に，同じロープの上にいるノミを考えてみよう．ノミもロープを前後に動けるが，さらにロープを回る横方向にも動くことができる．つまり，ここではノミは2次元世界で生きているといえる．ただし，その1方向は小さな輪になっている．

曲芸師が第2の次元がわからないのと同じように，私たちは3次元を超えた方向を検知することはできない．

私たちが3次元世界にとらわれているように，光や音など世界を感じるために利用できるすべてのものも同様にとらわれている．余剰次元とは相互作用できないので，それらを検知する方法はないのだ．

曲芸師はロープの上を前に行くか後ろに行くことしかできない．彼にとっては世界は1次元である．

しかし，ノミはロープを回ることもできるから，ノミにとっては世界は2次元といえる．余剰次元が小さすぎて曲芸師が気づかないだけなのだ．

このように重力以外の基本的な力は私たちの3次元世界に閉じ込められているけれども，重力だけは余剰次元方向にも伝播することができる．

重力はすべての余剰次元方向に広がっていくから，どんどん弱められていく．結果として私たちの3次元世界では重力の大きさは小さくなってしまう．

宇宙はフォース（力）が強い　85

アインシュタインをテストする

アインシュタインが1915年に一般相対性理論を発表したとき、重力によって光が曲がる効果を観測する方法を提案している。それは皆既日食のときなら、遠方の星からくる光が太陽によってどれくらい曲げられるのか、直接測定できるというものだ。

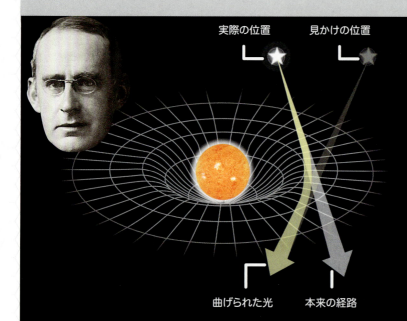

※エディントンが胴体のない頭部となって宇宙に浮かんでいることを示す証拠は見つかっていない。

1919年5月29日の皆既日食はまたとないチャンスだった。イギリスの宇宙物理学者であるアーサー・エディントン（上の写真※）に率いられたチームが日食を観測するためにアフリカの西海岸沖のプリンシペ島とブラジルに送られた。

（太陽の輝きが遮られている）日食のあいだに（太陽の近くに見える）遠方の星の位置を撮影し、それを太陽がないときに撮影した星の写真と重ね合わせた。

双方のチームとも星の位置がずれていることを突き止めた。それは太陽の重力が星からくる光の道筋を実際に曲げたことを示している。

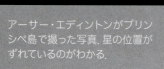

アーサー・エディントンがプリンシペ島で撮った写真。星の位置がずれているのがわかる。

（ビー玉のような）軽い物体があると，それはくぼみに向かって転がっていく．私たちが重力と感じているのは，ボーリングの球から直接来るものではなく，こうした「重力の井戸」が（あなたや私のように）軽い物体にはたらきかける効果だと考えられる．

　物体が重力からどれくらい影響を受けるのかは，その質量と運動する速さで決まる．光子の場合は，光速で飛ぶので，空間のゆがみはその進路をちょっと変える程度の影響しか与えない．しかし，ずっと重い（そしてはるかにゆっくりな）地球は，空間のゆがみ，つまり，「くぼみ」から逃れられず，円軌道（正確には楕円軌道）上に捕らえられたままになる．地球はまっすぐに進もうとするが，太陽の重力によって束縛されているのである．

　もし，太陽が突然消えてしまったとすると，「くぼみ」もなくなって，（太陽が消えたという情報が光速で伝わってくる）数分後には，地球はまっすぐな直線上を進んでいくだろう（または，進んでいこうとするだろう．だが，太陽系には他にもくぼみを持っている重たい惑星があるから，どうなるかはわからないが……）．

　重力の大きさは逆2乗則にしたがうのだった．これは，その物体を取り囲んでいる時空の曲率が備えている性質である．物体の重心（質量中心）に近づくほど，重力の井戸は深く落ち込んでいき，あなたが感じる力も強くなる（そしてもちろん，より重い物体だとゆがみが大きくなり，井戸も深くて，重力が強くなる）．

　宇宙の中で最強の重力を持つ物体とされるブラックホールは，非常に深い重力の井戸をつくり出すので，光のすばやさを持ってしてもその中から逃れることはできない（しかし，私たちがブラックホールを組み立てるのはまだまだ先のことだ）．

　ここまでで，私たちはビッグバンを起こし，粒子と基本的な力を手に入れた．さて，宇宙にイルミネーションを灯す時間だ．星をつくって真っ暗闇を一掃しよう．

スター誕生 ※1

原子を集め，基本的な力を集結して，はじめの複雑な構造をつくり出そう．そして，核融合に火をつけて，真っ暗闇から抜け出そう．

※1 訳注：または「スタア誕生」．アメリカ映画で，いくつものリメイクがあり，1954 年，1976 年のものが有名．

ま, 私たちは新たな宇宙の入り口に立っている. さて, ひと呼吸して全体をしっかり見ることにしよう.

　といっても, たいして見るものはない. 宇宙は暗く, 一面の真っ暗闇で不毛な無の空間, 生命と特徴を奪われた広がり続ける広大な黒い砂漠…….

　しかし, 実際の砂漠と同じように, 特徴がまったくないというのはただの錯覚だ. 乾燥した空を飛ぶ飛行機から見下ろすと, 確かに砂漠は何もないのっぺりとした広がりにしか見えない. だが, もう少し近づくと様子は一変する.

　着陸する頃になって, 飛行機が地面に近づいてくると(陥没に気をつけろ!), 平らなベージュの海は, 砂丘が絶え間なく変化し, 砂が織りなすダイナミックな景色にとって代わる. さあ, 飛行機から離れて, 地面に手や膝をついてみよう. たくさんの砂粒が見えるだろう. 無数のケイ酸塩が接触して互いに押し合いながら, ワルツに合わせて無限ともいえる複雑なダンスを披露している.

　私たちの宇宙も, 決して見たままのとおりに何もないわけではない. もう少し近くに寄ってみよう. すると, 私たちがビッグバンでつくった水素やヘリウム原子が見えるだろう. 何の変哲もない砂漠を埋め尽くす砂粒と同じく, 遠くから見るとまったく特徴がない私たちの宇宙でも, 数億の数億倍(の数億倍の数億倍の……)もの原子のダンサーたちが, 音楽が始まるのを今か今かと待っている. (砂漠と同様)遠くからでは物質粒子は時空全体にわたって均一に分布しているように見えるが, 実際には(砂丘のように)少しでこぼこしている. もしでこぼこがなければ, 私たちの物語はここでおしまいだ. 宇宙は膨張を続け, 物質は冷え, どんどん希薄になり, 永遠の暗闇へと沈んでいく.

　幸いにも, こうしたでこぼこは存在していた. その結果, 私たちも存在し, 宇宙も存在しているのだ.

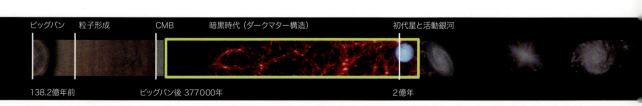

全員,集合!

　これまでに私たちは単純な原子を組み立てるのにいくつかの基本的な力を使ってきた.しかし今からは重力相互作用がこのショーの真のスターになる番だ.星くらいの質量を持つ物体が宇宙の布地に重力の「くぼみ」をつくることは説明したが,時空をゆがめるにはそんなに重くなくてもよい.質量があるものなら何でも(原子1個のように小さなものでさえも)時空に跡をつけることができる.

　現在の宇宙には,時空に大きなくぼみを生み出す重い天体がわんさといるから,原子サイズのへこみは,ヒマラヤの隣に落ちている石ころみたいで取るに足らない.しかし,私たちの赤ちゃん宇宙には(水素・ヘリウム・重水素と同時にほんのわずかだけできた)リチウム原子よりも重たいものはないから,たとえ小さな質量でも大きな大きな影響をもたらしえるのだ.

　原始の水素やヘリウムでできた希薄なガス雲にはわずかに「でこぼこ」があったので,原子どうしが少しだけ近くに集まっている場所と,互いに離れている場所が存在した.局在しているところでは少しだけ質量が大きく,わずかに深いくぼみをこしらえることができた.それは本当にわずかだったが,その余分の重力は私たちの宇宙を劇的に変化させるのに十分であった.

　数百万年にわたり,徐々に水素原子とヘリウムがくぼみに堆積していった.ガス雲はだんだん濃くなり,重力による引力は増加の一途をたどっていった.物質が多くなると重力が強くなり,そして重力が強くなるとさらに物質を集める.始まるには少し時間がかかるけれども,始まってしまえばそれは急坂を下るような暴走プロセスだ(少なくとも宇宙論の用語としての意味である.地球で生物が進化して恐竜が誕生し,急増して絶滅するよりも,最初の星ができるまでのほうが長く時間がかかる).

宇宙の綱引き

　ガス雲の密度がだいぶ高くなってきたから,とりあえず原始銀河とよぶことにしよう.だが,まだすぐに星をつくれるわけではない.原始銀河にはまず先にしなければならない

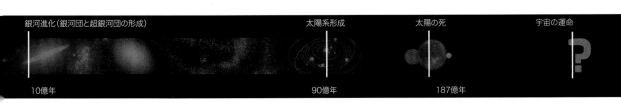

スター誕生　91

ことがある．それは膨張宇宙との綱引き勝負に勝つことだ．

ビッグバンから約2億年が過ぎ，速度は落ちてきたが宇宙はまだ膨張し続けている．これは水素原子が集まっている空間も広がっていくことを意味する．つまり，宇宙は私たちの原始銀河を分裂させようとしているのだ．

宇宙膨張と連動して原始銀河は広がり，体積を増やしていく．原始銀河が周囲のガスを吸い上げ続けていればいいが，餌となるガスが不足すると，原始銀河は薄く薄く引きのばされて，再び希薄なガス雲へと戻ってしまう．

しかし，心配することはない．私たちの原始銀河のまわりにはたくさんのガスがある．最終的にえさが足りなくなったとしても，それまでに十分な質量が蓄積されて（太陽質量の10万倍から100万倍程度），宇宙の膨張に対抗できる重力がつくり出されるのだ．こうして膨張宇宙との綱引き勝負に勝ち，原始銀河は自分の重力で固まることができるようになる．

暗い幕あい

ガス雲が重力崩壊を起こして星に火がつくまでの間に一息ついて，いまの話に紛れ込んだ小さな欠陥について考察しておこう．広がった物質の中で，小さなさざ波がどうやって重力が大きい領域をつくり出すのか説明した．物質が降り積もり，局在化していく……．問題は

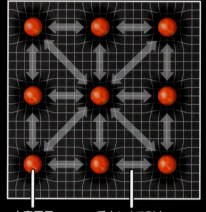

1. もし雲が完全に一様に広がっていたら，重力は雲の中のそれぞれの粒子に完全に等しくかかる．粒子はすべての方向に等しく引っ張られる（そして引っ張る）から，粒子の相対的な位置はまったく変化しない．

水素原子　　重力による引力

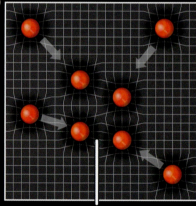

2. 宇宙マイクロ波背景放射に見られるように，幸運なことに物質は完全に一様ではなく，ある場所では他よりも密度が高くなっていた．

密度が高くなった場所

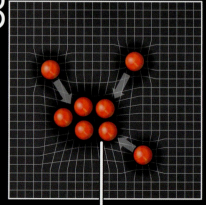

3. 高密度領域は他よりも重力による引力が大きく，低密度領域の粒子は高密度側へと引かれていく．

重力の井戸が深くなって，重力が大きくなる

晴れ上がり期の終わりに, 宇宙は希薄なガスの雲で覆われていた. その成分はほとんどが水素だった

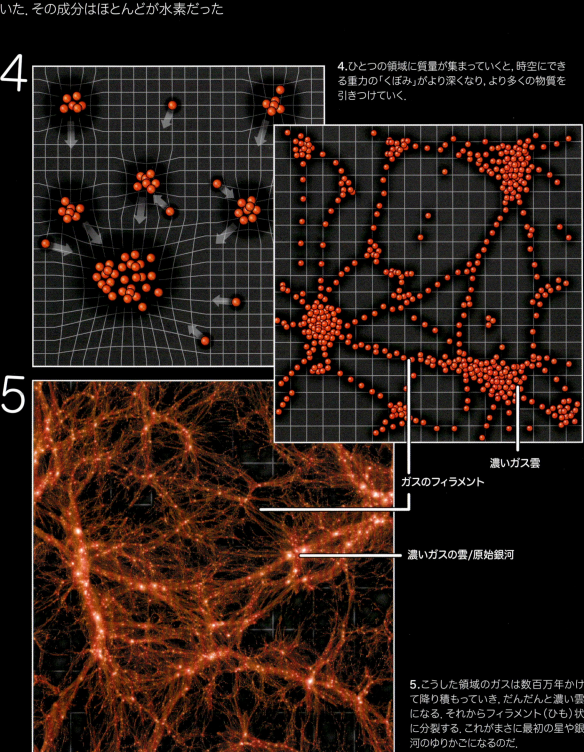

4. ひとつの領域に質量が集まっていくと, 時空にできる重力の「くぼみ」がより深くなり, より多くの物質を引きつけていく.

濃いガス雲

ガスのフィラメント

濃いガスの雲/原始銀河

5. こうした領域のガスは数百万年かけて降り積もっていき, だんだんと濃い雲になる. それからフィラメント(ひも)状に分裂する. これがまさに最初の星や銀河のゆりかごになるのだ.

このプロセスがスタートするのに十分な質量が, これらのゆらぎの中になかったことだ.

　もし, 私たちがビッグバンで生み出された通常の物質だけで宇宙をつくらなければならないとしたら, ガスが集まり大きな重力がはたらいて星形成が始まるまでに, 最も速い場合でも数十億年かかる. この場合, あなたはさらに40億年かそれ以上の間, (または永遠に)生まれてくることはできない. 最悪のケースでは最も希薄なガス雲にさえなれず, そのずっと前に, 質量が足らずに宇宙の綱引きに敗北し, さざ波は宇宙膨張で引きのばされてバラバラになっていただろう.

　だが, 実際にあなたはここにいる. そして, 確かにこの本を読んでいる. ということは, そのような不幸は起こらなかった, ということだ. そう考えると, 私たちの話には何かが足りない. 重力は作用するけれども, 目には映らないもの. じつはその「何か」というのはダークマター(暗黒物質)として知られる, かつてない奇々怪々な物質である.

ダークマター・ハイウェイ

希薄なガスから濃いガス雲や複雑な網目状の構造への急激な崩壊は, 通常の見える物質だけでは成しえない. そのために必要な重力を得るには見ることができないダークマターの質量が不可欠だ.

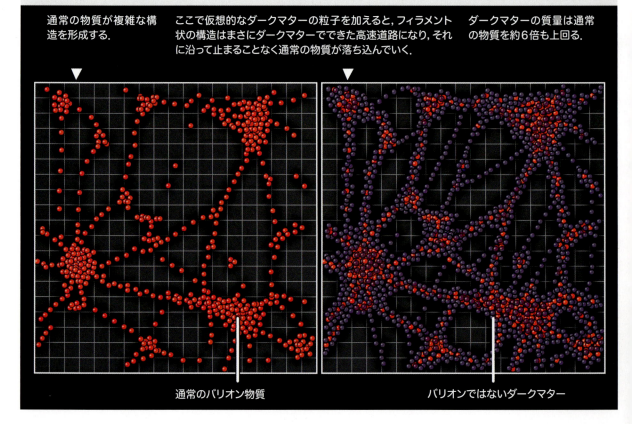

通常の物質が複雑な構造を形成する.

ここで仮想的なダークマターの粒子を加えると, フィラメント状の構造はまさにダークマターでできた高速道路になり, それに沿って止まることなく通常の物質が落ち込んでいく.

ダークマターの質量は通常の物質を約6倍も上回る.

通常のバリオン物質

バリオンではないダークマター

ダークマター：見えないものを見る方法

あなたはダークマターでつくられたボーリング球を見失ってしまった．直接検出できないものを見つけるには常にトリックが必要だ．幸運にもボーリング球でゆがんだゴムのシート（時空）に沿って，相対性理論のもうひとつの副産物である重力レンズ効果が引き起こされる．

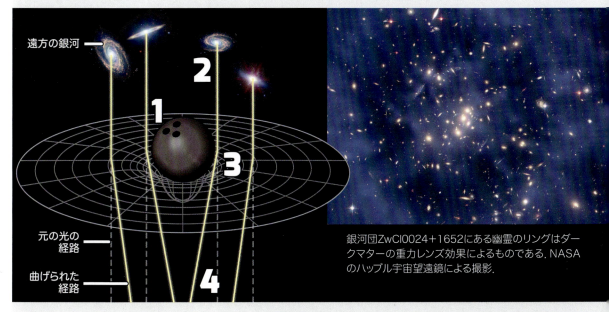

銀河団ZwCl0024+1652にある幽霊のリングはダークマターの重力レンズ効果によるものである．NASAのハッブル宇宙望遠鏡による撮影．

1. ダークマターによりつくられたボーリング球がある．通常の物質でできたボーリング球と同じく周りの時空をゆがめ，重力の「くぼみ」を生み出す．

2. 遠方の銀河から光が飛んでくる．

3. 光子が強い重力場にやってくると（その重力場がどのような物質でつくられていようとも），それらはすべてボーリング球のほうに引っ張られ，その軌道が曲がる．

4. こうしてゆがめられた光を探し出すことで，天文学者は私たちと銀河のあいだに存在するダークマターの分布を計算する（そしてもちろんボーリング球を見つけ出す）ことができる．

　「ダークマター」なんていうと，熱を出した低級なSF作家が思いついた物質のようにも思えるが，常にさまざまな危険で忙しいUSS-エンタープライズ号[※2]のような架空の代物ではなく，まさに実在する物質である．こんな名前をつけられているが，それは通常の物質の邪悪な分身を表しているわけではない（それには反物質のほうがふさわしいだろう．だが，それを邪悪とするのは公平ではないが）．「ダーク」マターとよぶ理由は，単に私たちには見えないからである．

　より正確には，ダークマターというのは，宇宙を構成していて見ることができる通常の物質，つまりバリオンと重力以外では相互作用しない物質のことである．それは電磁気力の魔法をすり抜けてしまうため，私たちには見ることができない（目や望遠鏡は電磁ス

※2 訳注：アメリカのSFテレビドラマシリーズ「スタートレック」に登場する恒星間宇宙船．

ペクトルを利用している). しかしながら, 実際にはその存在を知ることができる. というのは, ダークマターは重力相互作用をするため, バリオンでできた通常の物質にその存在や影響が重力的な効果として現われるからである.

　ダークマターの存在をうすうす感じ始めたのは1933年までさかのぼる. アメリカで活躍したスイス国籍の宇宙物理学者フリッツ・ツビッキーは, 銀河団(重力で束縛された銀河の集団)の研究をしていた. 彼は銀河団に含まれる銀河の運動にニュートンの法則をあてはめて, その銀河団全体の重力質量を見積もっていた. しかし, 銀河団の中に存在する輝いている物質の総質量(銀河団の中の星たちが放出する光の量を測定し, 星の質量を推測して, 全部を足し合わせて求めた質量)を計算すると, それは最初の見積もりと比べて大幅に少なかった. つまり, 見えている質量は銀河団の重力質量のほんの一部ということだ.

　さらに, 見えている質量だけでは, 銀河団としていくつかの銀河をまとめておくのに必要な重力をつくり出せないことがわかった(銀河たちはバラバラに飛んでいってしまうはずだが, 実際はそうはなっていない). 彼は見えない何か, 観測できない何かがそこにあり, それが隠れた質量となって銀河を重力的に束縛しているに違いないと結論した. その何かがダークマターだったのだ.

　ダークマターの発見と, その後の構成成分の探索についてすべてを語るには, それだけで一冊の本になってしまう. だから, ここではダークマターは宇宙に存在する質量の圧倒的多数だと述べるだけでよしとしておこう. 私たちはその正体をいまだ知らないが, (素粒子の標準理論に出てくる)通常の物質と比べて6倍もの質量を占めていることがわかっている.

　宇宙の大部分を担っている物質の話を飛ばすのはちょっとまずい気がするが, この本の中でダークマターが行う重要なことといえば, 本当に重力の効果だけだし, もっと突っ込んだ話をすると難しい質問ばかりになるからやめておこう(それに, ダークマターはスポットライトに当たらずに黒子に徹しているようなので, これ以上私たちはプライバシーを侵害するべきではない).

　いずれにしても, 宇宙膨張によってガス雲が散り散りになる前に, ガスを収縮させて星をつくるために, 全重力質量を何倍にもするダークマターの存在がどうしても必要だったのである.

　ひとつかみの普通の物質にひとつかみのダークマターを6回放り込んでかき混ぜて, ちょうど今, ダークマター製の足場が固まったところだ. こうして, ようやく通常の物質が集まれるようになったのである. さあ, 「全員, 集合!」

ラッシュでぎゅうぎゅう

　さて，原始銀河の話に戻ろう．通常の物質（水素とヘリウム，わずかのリチウム）とダークマターがごちゃ混ぜになった広大な雲，どんどん増加する自己重力とそれによる収縮と圧縮．収縮されるにつれて，ガスはますます深くなる重力の井戸に「落ちて」いき，水素原子（さしあたりヘリウムとリチウムはただ存在するとだけしておく）はエネルギーを得て加速する．運動エネルギーを満杯に詰め込んで，水素原子はお互いに激突し，そのエネルギーを熱エネルギーとして解放しはじめる．そして，水素の雲はどんどん熱くなっていく．

　しかし，ここでヘンテコな現象が生じる．ガス雲がおよそ800℃に到達すると，今度は突然冷えはじめるのだ．水素原子が互いに近くへ近くへと強引に押し込められるにつれて，影響をおよぼし合って，電子の雲[※3]が結びついてしまう．原子核が融合するわけではないが（それにはもっと多くの熱と圧力が必要である），原子内にある個々の電子がチームを組んで，複数の原子核のまわりを回るようになる．水素分子の誕生だ．

　ある特有なタイプの分子，三原子水素（プロトン化水素分子）は3個の水素原子核からつくられるが，たった2個の電子しか持っていない．正電荷と負電荷の不均衡のせいで三原子水素は全体としてプラスに帯電していて，そのため非常に励起されやすい．雲の中を飛び回っている非分子の水素がぶつかると，この帯電した分子は興奮して（ミルクの代わりにレッドブル[※4]が注がれていたマグカップ

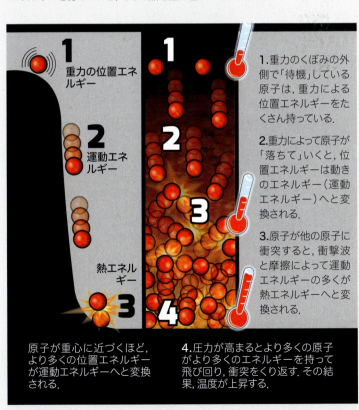

重力で熱をつくる方法

重力の影響を受けて落ちようとする物体はどんなものであってもその中に位置エネルギーを秘めている．そして熱を生み出すことができる．

1　重力の位置エネルギー
2　運動エネルギー
3　熱エネルギー

1. 重力のくぼみの外側で「待機」している原子は，重力による位置エネルギーをたくさん持っている．

2. 重力によって原子が「落ちて」いくと，位置エネルギーは動きのエネルギー（運動エネルギー）へと変換される．

3. 原子が他の原子に衝突すると，衝撃波と摩擦によって運動エネルギーの多くが熱エネルギーへと変換される．

原子が重心に近づくほど，より多くの位置エネルギーが運動エネルギーへと変換される．

4. 圧力が高まるとより多くの原子がより多くのエネルギーを持って飛び回り，衝突をくり返す．その結果，温度が上昇する．

※3　訳注：ガス雲ではなく，電子の量子力学的な確率の「雲」のこと．
※4　訳注：エナジードリンクのひとつ．

星の種をまく

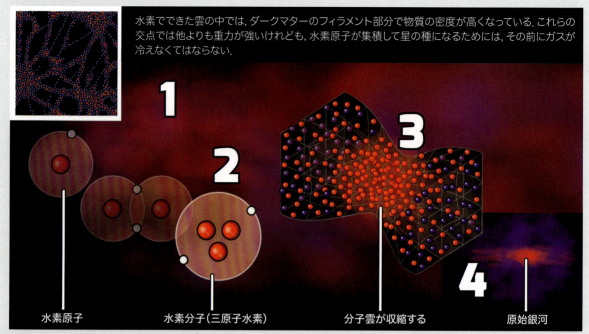

水素でできた雲の中では，ダークマターのフィラメント部分で物質の密度が高くなっている．これらの交点では他よりも重力が強いけれども，水素原子が集積して星の種になるためには，その前にガスが冷えなくてはならない．

水素原子　　　水素分子（三原子水素）　　　分子雲が収縮する　　　原始銀河

1. 初期の頃のガス雲では物質とダークマターが混ざっている．
2. 水素原子が合体して水素分子を形成する．水素原子は赤外線を放射して，ガスが冷える．
3. 冷たくなって，ゆっくり運動する水素の原子と分子は重力の影響を受けやすくなり，ダークマターから切り離されて，重力によって中心部へと落ち込んでいく．
4. その結果，物質は円盤状になる．これが，ダークマターの「ハロー」に囲まれた原始銀河である．

を間違って飲みほしたよちよち歩きの子どものように），いったんは振動して暴れ始めるけれども，そのエネルギーをとどめておくのではなく赤外線として放出してしまう．これによって分子雲は冷えることになるのだ．

　この温度の低下は破滅的なプロセス（結局，星が必要とするものがひとつあるとすれば，それは熱だから）に思えるが，じつはこれが運命を左右する行程なのだ．熱いガスは内向きに引っ張る重力の他に，それに対抗する熱圧力という力の影響も受けている．この圧力は外向きで非常に強く，私たちの雲が生み出す重力は熱圧力を圧倒して，さらに収縮するほどの勢力を持っていないのである．

　赤外線の光子（結果として，熱エネルギー）を雲の外に投げ出すことで，水素分子はガスを冷やし，ガスをダークマターから切り離す役目をする．というのは，ダークマターは電磁気力とは相互作用しないから光子とは無関係で，そのため光子の放出で熱くなったり冷たくなったりできず，今までの状態を維持するからである．通常の物質である原子のほうは冷めて運動が弱くなると，ずっと重力を感じるようになり，雲の中心部へと沈ん

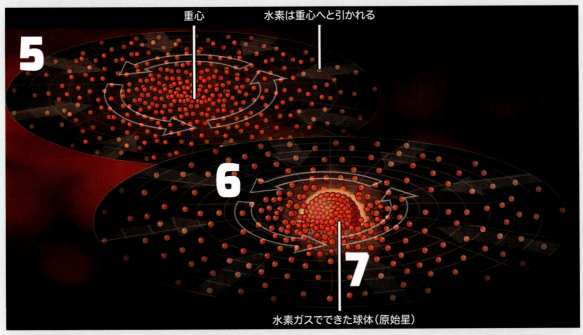

5. 原始銀河の内部でわずかに冷たい領域は密度が高く,さらにガスが集まる.
6. ガスが重力のくぼみに「落ちて」いくにつれて,(排水口に流れていく水のように)ガスは重心のまわりをゆっくりと回転し始め,平らな円盤状になる.
7. 円盤の中心部では原始星が形成され始める.より多くの物質が内側に積み重なっていくと圧力が増大し,コア(中心部分)の温度が急上昇する.コアが熱くなるにつれて分子は崩壊し,原子はその構成要素である陽子と電子に分解される.このプラズマが1500万℃に達すると核融合が始まる.

でいく.それから,原始銀河は扁平な円盤状になってゆっくりと回転して,そのまわりはダークマターのブランケットで包み込まれることになる(現在でも銀河は,ダークマターの「ハロー」に取り囲まれている).

点火!

　さて,私たちの水素原子はちょうどよく冷え,(さらに大事なことだが)1ヵ所に集まった.こうしてゆっくりと動く原子は,これまでにないほど重力のいうことを聞いてより濃いガスになり,さらに濃密な多くの固まりへと収縮する.これを原始星ガス雲という.
　重力はすべての物体を重心へと引っ張っていくから,原始星ガス雲の中心部は次第に密度が高く熱くなっていく.そして星の種,つまり原始星が形成され,その重力によっ

てさらにまわりのガスを吸い上げていく.

　ガスが原始星による重力の井戸に落ち込むにつれて, 雲は平らになって,（排水口に流れていく水のように）ゆっくりと回転し始める. そのあいだずっと原始星は質量を増やしていき, 収縮し, 熱く熱くなっていく. 最も密度が高い場所は重心なので, 中心部が一番温度が高くなる.

　中心部の温度が2000℃に達したとき, すべての水素分子は分裂し, 元の構成要素である水素原子に戻る. 次に, 水素原子自身は電子を脱ぎすてて（イオン化のこと）, ガスは高速で運動する陽子と電子のプラズマへと転換する（元々これらの原子が形成されたビッグバン直後の状態に非常によく似ている）.

　重力崩壊のエネルギーを注ぎ込まれて, 原始星の中心部は約1500万℃というきわめて高温な状態になり, 陽子は核融合を始めるのに十分なエネルギーを得る.

　ただ実際には, 私たちはこれらの陽子を簡単にくっつけることができない. 陽子どうしは互いに斥力となる電磁気力をつくり出していて, 陽子がこの壁（クーロン障壁という）を直接乗り越えるには, 1500万℃をもってしても十分ではないのだ. しかし, ラッキーなことに私たちには量子力学のトリックがある.

　あなたは覚えているかな. 量子レベルでは粒子は確率の雲として存在している. 陽子の波動関数は, 位置がはっきりしないボワーッと広がった染みのように重なり合うことができる. そして量子トンネル効果というプロセスでクーロン障壁を通過して近づくことが可能で, そうなってしまうと強い核力のほうが電磁気力よりも優位になっているのだ.

　量子的な結婚式で2つの陽子が結ばれると, 起こる現象は2つのうちのどちらかだ. ひとつは陽子対（ジプロトン）の生成, もうひとつは, 一方の陽子が弱い核力を介して中性子に崩壊する現象だ.

　核融合の結果として生じるのは, 前者のジプロトンの生成が圧倒的に多い. しかし, ジプロトンはリチャード・バートンとエリザベス・テイラー[※5]の原子版といえるほど非常に不安定な分子で, すぐに分離してしまう. しかし, およそ10億年に1回程度の割合で2つの陽子のうち一方が中性子に崩壊し, 安定な重水素原子核（重陽子）に変化する. ただ, 10億年待つなんてあまりにも長すぎだと思うだろう. しかし, 考えてほしい. その辺りを飛び回っている陽子の数は1兆の1兆倍なんてものではきかない. だから, たいした時間はかからずに次々と陽子は崩壊して重水素原子核を生み出していくのだ.

　こうしてできた重水素原子核は, もう1つ陽子を取り込みたがっている（一夫一婦制でないと素敵な結婚はできないって誰がいっていた？）. そして, 中心部では陽子が重水素原子核に衝突するまでに1秒くらいしかかからず, 強い核力のおかげですぐに結合してヘリウム3になる.

　さらに50万年（23000年のずれはあるかもしれないが）で, この原子核は他のヘリウム

※5 訳注：2人は結婚して離婚し, 再婚して離婚した.

陽子と量子のトンネル
（量子力学のおはなし）

昔むかし, あるところに2個の水素原子が住んでいました. 2人は原子核の結婚式を挙げて一緒になりたいと, 心から願っていました.

そこで, 彼らは強い核力牧師の教会へ向かいました. しかし, ひとつ問題がありました.

邪悪なクーロン伯爵が, いかなる陽子も結ばれてはいけない, と宣言し, 彼らが近づけないように電磁場のバリアを教会に仕掛けていたのです.

どれだけ2人の陽子ががんばっても壁を破ることはできません. 壁を登るために, はしごをつくってできる限りの速さで登っても, いつも頂上に着く前にエネルギーが足りなくなってしまいました.

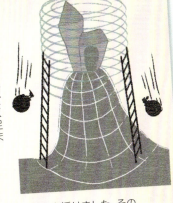

それから, ある日, 魔法使いのハイゼンベルクがやって来て, 助けてあげようといいました. はじめ, 2人は怪しんでいましたが（というのはこの魔法使いがいったい誰で, どこから来たのかもわからなかったからです）, 彼は2人に魔法の呪文を授けました. その呪文を唱えると, 不思議なことに壁を通り抜けられるというのです.

「それは量子トンネルという魔法だ」と魔法使いはいいました（確定しているようには見えませんでしたが……）.

そこで, 2人はもう一度はしごを登り, 魔法使いの不確かな呪文を使いました.

すると, すべての粒子が内に秘めていた粒子と波動の二重性が表れ, 彼らの姿は確率の雲になりました.

陽子は波動関数として, 量子の魔法の雲の中でどこにでも存在することができました. そして, 波として伝わり, 2人は電磁気力のバリアへと近づきました. 波の中では彼らは特定の場所にいるわけではないので, からだの一部はバリアと重なり合いました.

不確定な魔法使いはそれから魔法の言葉を唱えました. すると彼らの波のようなからだが収縮し, バリアの内側に粒子として現れました.

ついに2人は強い核力牧師によって一緒になりました. かつては2個の離れた陽子だったものが1つの重水素核となることができました. めでたし, めでたし.

おしまい
（それとも……）

3と衝突して，2個の陽子と2個の中性子からなるよく知られたヘリウム原子核へと合体する．また，この新たな融合で2個の高エネルギーのガンマ線光子と2個の陽子と莫大なエネルギーを放出する．このときに出た陽子は同じプロセスをまた最初からくり返す（そのため，一連のプロセスを陽子-陽子連鎖反応（ppチェイン※6）という）．ところで，このエネルギーはいったいどこから来たのだろうか．

このように陽子と中性子が融合してより重い原子核になると，いくらかの質量が失われる．それがアインシュタインの有名な関係式 $E=mc^2$（エネルギー＝質量×光速×光速）によって，エネルギーに化けていたのだ．それぞれの反応では，ごくわずかな質量しか失われない．だいたい，0.7％（原子の0.7％は本当に本当に小さい！）くらいだが，星の中心部では膨大な数の反応が起きているから，太陽程度の恒星だと毎秒6億トンの水素がヘリウムへ変換される．だから，太陽は1秒あたり4300万トンの質量を「失い」，大量のエ

導火線に点火するぞ（後ろに下

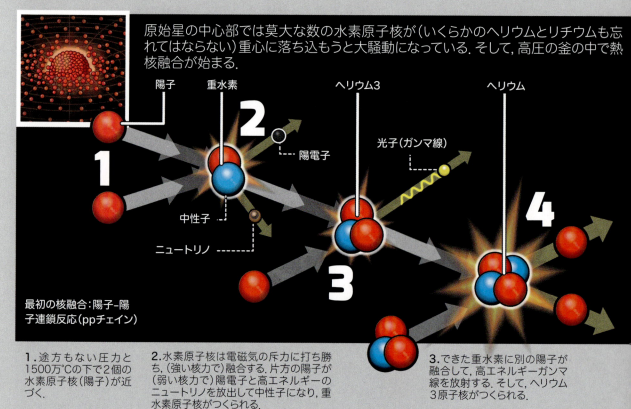

原始星の中心部では莫大な数の水素原子核が（いくらかのヘリウムとリチウムも忘れてはならない）重心に落ち込もうと大騒動になっている．そして，高圧の釜の中で熱核融合が始まる．

最初の核融合：陽子-陽子連鎖反応（ppチェイン）

1. 途方もない圧力と1500万℃の下で2個の水素原子核（陽子）が近づく．

2. 水素原子核は電磁気の斥力に打ち勝ち，（強い核力で）融合する．片方の陽子が（弱い核力で）陽電子と高エネルギーのニュートリノを放出して中性子になり，重水素原子核がつくられる．

3. できた重水素に別の陽子が融合して，高エネルギーガンマ線を放射する．そして，ヘリウム3原子核がつくられる．

※6 訳注：このpは陽子（proton）を表している．
※7 訳注：導火線は英語で「blue touch paper」という．初代星は巨大で「青い」色をしていることにかけている．

ネルギーをつくり出している.

　ガンマ線として放出されたこのエネルギーは, 電子や陽子と反応して熱を生み出し, 電子は重水素をつくるときに放出された陽電子と対消滅して, さらにエネルギーを生み出す. これらのエネルギーと反応で投げ出された陽子が持っているエネルギーとを合わせると, 私たちは膨大な量のエネルギーを手に入れたことになる. 他の副生成物であるニュートリノもまた, 多くのエネルギーを持っている. ただし, ニュートリノは物質とほとんど反応しないので, まわりのガスに邪魔されずに宇宙空間へと飛び出してどこかへ行ってしまう.

　核融合の点火で, 一度はゆっくり冷えた薄い分子雲が, 活発で猛威を振るうまばゆく輝くかまど (原子炉) へと変身した. 分子雲になり, 原始星になった原子はその旅の第一幕を完結し, ついに星になった. スター誕生！　ビッグバン以来, 初めて宇宙に光が灯ったのである. その栄光は始まったばかりだ.

がっていろ) [7]

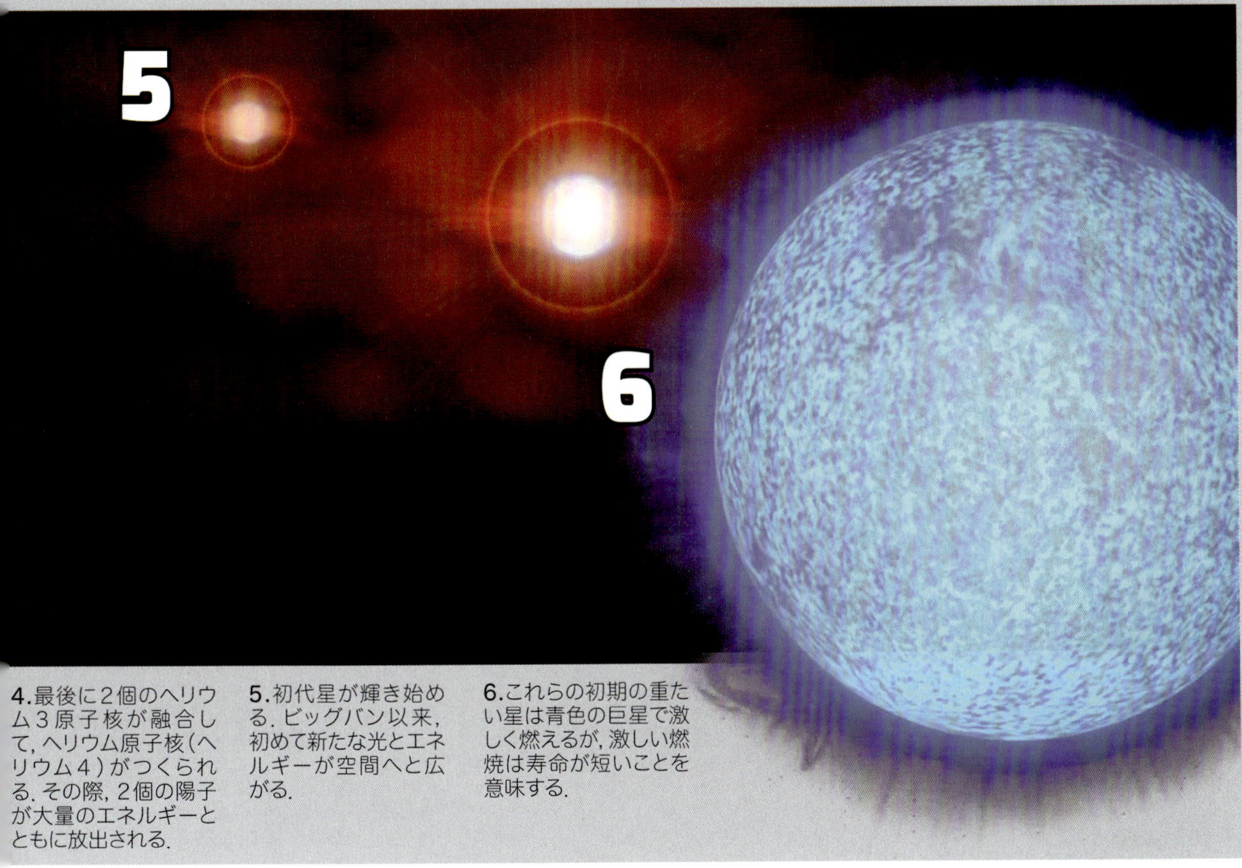

4. 最後に2個のヘリウム3原子核が融合して, ヘリウム原子核 (ヘリウム4) がつくられる. その際, 2個の陽子が大量のエネルギーとともに放出される.

5. 初代星が輝き始める. ビッグバン以来, 初めて新たな光とエネルギーが空間へと広がる.

6. これらの初期の重たい星は青色の巨星で激しく燃えるが, 激しい燃焼は寿命が短いことを意味する.

スター誕生　103

巨大な赤ん坊

　一番最初に生まれた星々がどれくらいの大きさだったのか，がひとつの論争になっている．最近までは，きわめて重く，質量が太陽の数百倍（おそらく数千倍）もあるゴジラ級の天体だと考えられていた．これは初期の星形成のもとになるかたまりが，今現在の星が生成されている水素の分子雲よりも，ずっと高温だったという考えに基づいている．というのは現在の星形成領域では，雲はちりの粒子や重い元素を含んだ分子によって冷えているが，幼い宇宙ではこれらの重い元素が存在しなかったからだ．

　雲は冷えていないと収縮できないから，初期の熱いガス雲は熱による抵抗に打ち勝ち，重力の玉転がしの一押しをするのに，ずっと多くの質量（およそ1000倍くらい）が必要なはずだった．しかし，最近，この考察が怪しくなっている．天文学者はそうした巨大星が存在した証拠を見つけられず，さらに，コンピュータを用いたシミュレーションでも次のような結果が出ている．重力の玉転がしが始まるには多くの質量が必要だが，そうすると初期の原始星は非常に熱くなりすぎて（太陽の約9倍の温度），熱圧力がすぐさま重力を圧倒してしまう．その結果，ガスを宇宙空間に吹き飛ばし，実際には星は質量を稼げなくなる．

　こうして初代星，または第一世代の星は小型になったが，それでも太陽の質量と比べ

熱：砦を守れ

核融合は大量のエネルギーを生み出すので，一度そのエネルギーが重力崩壊でつくられた熱（結局のところ勝手に重力だけで中心部が1500万℃まで熱くなる）と一緒になったら，中心部は熱く，より熱く，ますます熱くなってしまうと思うかもしれない．幸運にも私たちの新生の星々はそうではない．仮にそうだとすると，星は熱くなりすぎて，あなたが「やべえ，これはイケるぜ (that's hot)」という前に，爆発的大燃焼が起きて，星はバラバラになってしまう．

皮肉なことに，核融合により解放されたエネルギーは，実際には重力に対抗して「押し返す」ことで冷却効果をもたらし，また星が自分自身の重さで崩壊しないように支えている．このうまく調整されたバランスによって星は数十億年の間，形を保つことができる．そして，熱がなくなりそのバランスが崩れると（それは必ず訪れるのだが），星の運命は崩壊へと傾いていく．つまり，熱が星の存在を守っているといってよい．

ると数十倍もある重量級の野獣である．私たちの新たな恒星はやはり，巨大な赤ん坊といわざるをえない（そう，そして，「赤」ん坊なのに青い……，ガスの炎の熱い部分のように．恒星は熱いほど，青く輝く）．

おめでとうございます，双子ですよ！

　長く信じられてきたもうひとつの仮定にも，最近疑いがかかっている．それは，初代星はすべて一匹狼だったという考えだ．この啓示もシミュレーションに端を発している．

　シミュレーションでは，仮想的な原始星ガス雲を用意し，当時の状況を再現して行われた．その結果，初期の星たちの大部分は単独ではなく，複数がグループになって形成されたことがわかった．

　詳しい研究によれば，原始星は物質を引き寄せて原始惑星系円盤を形成すると，円盤は次第に重くなっていき，重力的に不安定になって分裂していく．すると，それらの断片は収縮しはじめ，さらなる原始星をつくり出す．その中で一番重いのはやはり最初にできた原始星で，後からできた「連れ」の星々は最初の原始星に束縛されて，全体の重心を回る二重の星（連星）や三重の星（三連星）を形成する．

　コンピュータの計算は複雑で，スーパーコンピュータでさえも星の進化の最初の1万年までしか追うことができない．つまり，今の研究には限界がある．しかしながら，それでも現在の宇宙に存在する80%の星が，なぜ連星系をなしているか，という問いに答えることはできる．こう見ると私たちの孤独な太陽は，宇宙では変わり者といえる．

こうして光があった[※8]（再び）

　ここで，2億年（または数ページ）さかのぼって考えてみると，「ついに光が自由に宇宙を進めるようになった」と（ファンファーレ付きで）述べたことを思い出すかもしれない．やれやれ，告白しなければならない．光は私が説明したように自由にいられたわけではなかったのだ．

　宇宙の晴れ上がりのときに電子が捕獲されてできた中性水素は，エネルギーが低い光子（赤外線，電波，マイクロ波など）は通過できただろうが，可視光や紫外線のような高エネルギーの光子にとっては完全に不透明だった．これらの振動数の光は，すぐさま中性水素原子に吸収されてしまうのだ．初めて核融合が生じ，合図の光が放たれたとき，じつは星は水素の煙幕の陰に隠されていた．

　実際には，星は自分のことを見つけてもらう極意を心得ていて，ガスが彼らを隠そうとしても無駄だった．私たちがつくった星は激しく燃えているので，周囲の空間に莫大な量の高エネルギー放射（そのほとんどは紫外線）を送り出す．そして，この放射がミッションを遂行する．星を取り囲んでいたガスの温度を上げたのだ．中性のガスは温められると，原子核のまわりを回っている電子を放出し，イオン化するのである．

　ここで，私はまた矛盾したことをいおうとしているが，我慢して聞いていただきたい．もう一度，宇宙の晴れ上がりの記憶を思い起こしてみよう．宇宙が初めて透明になったのは，イオン化（電離）したガスの中を飛んでいた自由電子が原子核に捕獲されたときだった，と説明した．今回は逆のことが起きている．初代星がまわりのガスを再イオン化し，それによって可視光の光子がガスの中を通過できるようになるのである．この違いがどこからくるかというと，宇宙初期はガスがはるかに濃かったことだ．多くの陽子や電子が飛び回っていたので，ガスは濃く，光はそのプラズマは突き通せなかった．それまで強く結合していた物質と光が分離して，互いに自由になれた宇宙の晴れ上がりの時代を，さらにこの再イオン化（この用語の接頭辞「再」は，晴れ上がりの「再結合」とは違って正しく名づけられている）が完成させる．私たちの星のまわりに残っていた薄い雲の中で，光が宇宙へと飛び出す最後の障害が再イオン化によって取り除かれたのである[※9]．

※8 訳注：旧約聖書の創世記に出てくる言葉．
※9 訳注：ただし，宇宙が再イオン化した（宇宙誕生後10億年）直後のイオン化光は水素原子に吸収されてしまって観測できず，宇宙誕生後20億年以降の光が直接観測できるようになる．

初代星は，もやの中に局所的な泡をつくる以上のことはしない．しかし数千年にわたって星の点火がどんどん起こってくると，これらの泡は互いにつながって，広大な空間領域が透明になる．そして約10億年かけて宇宙規模の再イオン化が進む（そして，ひとつの星が成し遂げたよりももっと壮観なあるものの形成が始まる）．こうして，初代星の形成は宇宙の暗黒時代の終わりの始まりを告げることになった．

暗黒時代の終焉

ビッグバンから約2億年後，星の形成とともに再イオン化の時代が始まり，不透明な中性水素ガスの大部分がイオン化されて，それは終わった．ビッグバンから約10億年後のことだった．

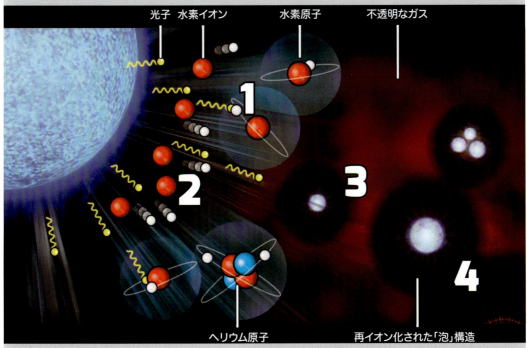

1. 原子は放射（電磁波）を吸収するが，原子によってそれぞれ吸収しやすい特定の周波数がある．中性水素では，スペクトルの可視光と紫外線領域である．この周波数領域にある光子は吸収され，光は進行できなくなる．

2. 初代星によってまわりのガスが温められ，水素原子は電子を保てなくなる．イオン化した水素は可視光と赤外線領域の光子をそのまま通すようになる．

3. それぞれの初代星は，そのまわりに水素イオンのガス（銀河間物質という）でできた泡の構造をつくり出す．

4. 泡が多く形成されると，互いに重なり合い，つながる．こうして暗黒時代の霧が消し払われる．

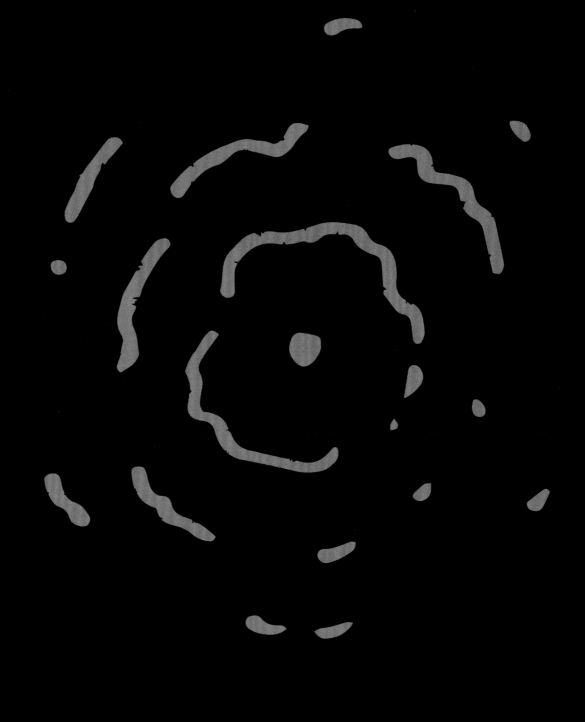

星の一生と死

水素の核融合の技術を習得したら，たくさんの星々を宇宙の圧力釜がわりに使って，材料になる軽い元素から重元素をどんどん焼き上げていこう（ついでにいくつかの星を殺してブラックホールにしよう）．

これまでの成果に，納得しなかった人はいないだろう？　たった数十億年で，ごくわずかなエネルギーを使って，できたばかりの宇宙を，生まれたばかりの赤ちゃんの青い星々と，元気な少年の銀河たちでいっぱいにできた．私たちが手掛けたのは，単に，量子の泡から物質とエネルギーをよび起こし，広がり続ける4次元時空の絨毯の上に並べ，エネルギーから物質をつくり，物質からエネルギーを絞り出しただけだった．もっと多くの人たちが実行しないのが不思議なくらい簡単だ．

　でも，「よくできた」これで完成，とするのはまだ早い．私たちが全知全能の神だと宣言する前に，そして創造主としての宗教をつくるために迷信がたっぷり入った書物を口述筆記する前に，もう少し複雑さを天地創造に加えておかなければならない．
　これまでの私たちの努力にもかかわらず，ビッグバンの火の海からでき上がった物質の構成比は，もとのまま変わっていない．約75％の水素および25％のヘリウム，そしてごく微量の重水素，ヘリウム3とリチウムとなったままだ．
　みなさんお気づきのことかと思うが，これらの軽元素は役立つことは確かなのだが，宇宙にある家具（惑星や月そして生命そのもの）をつくり出すには，炭素，酸素，窒素，鉄などの元素が必要になる．なんとかしてこれらの重たい元素を，単純な水素原子たちから合成しなければならない．
　幸いなことに，私たちはこうした元素をつくる錬金術のために，理想的なマシンをつくり出したところだ．それは星だ．このときにはまだ地球は生まれていなかったが，数十億年後の地球の住人は，他のよくある元素から金をつくり出すために，何世紀にもわたって努力した．真っ暗な部屋に閉じ込もり，他人に知られないように秘密の暗号でノートを記し，呼吸困難になるような成分をすべて吸い込みながら研究を重ねることになるが，これらはすべて無駄に終わってしまう．彼らは，本当に必要となるのは数百京トンの熱核プラズマだということを知らずにいたのだ．

星の燃費はどれくらい?

　水素を燃やすことは, 宇宙のすべての星たちの活力源だ. 重い元素を合成するには最も簡単な方法だし, 核融合反応が最も多くのエネルギーを解放することからも「費用対効果」は最高である.

　宇宙にできた第一世代の星（初代星）たちは, とても重かった（太陽質量の数十倍くらい）と考えられている. そして, それだけ多くの水素を含んでいた. もしかしたら, あなたは, たくさんの水素がある星は, ずっと長いあいだ輝き続けているだろうと考えるかもしれない. でも実際は正反対だ. 重い星ほど寿命は短い. 直観に反しているように聞こえるかもしれないが, よく考えるとそうなることがわかると思う.

　核融合反応は, 星全体の巨大な質量がおよぼす重力により, 中心部分を押し込む圧力がもとになって引き起こされる. 星の質量が大きいほど, この重力による中心圧力は大きくなり, 水素はこの重力に打ち勝って燃え広がろうとするために, 余計に激しく燃焼することになる.

　質量の大きな星は, 確かに燃料をたくさん持っているが, 驚くほどその消費も速い. 太陽質量の50倍くらい大きな星の寿命は, おそらく100万年くらいだ. 私たちの太陽はすでに46億年ものあいだずっと燃焼していて, まだ寿命の中程なので, 大きな違いである. 街を走る小さな自動車と, アメリカ製の大きな自動車を比べればわかりやすいかもしれない. 小さな自動車の積める燃料は30リットルだが, 大きな自動車は100リットルのタンクだとしよう. 小さな自動車は積んだ燃料は少ないが, 燃費よく走るので, 大きな自動車がガソリンスタンドに再び立ち寄ることになった後でもずっと走り続けることができるのだ.

　宇宙における第一世代の星たちは, 残念ながら非常に短命だ. しかし, 熱核融合反応を引き起こし, 強力な錬金マシンとなり, 水素を多数の陽子を持つ重元素に変えていく仕事をしてくれる.

星の一生と死

星の輪廻

星（恒星）の一生を決めるのは，どれだけの質量があるか，そしてどのように燃えていくかの2つの要素だ．巨大な星は，核燃料の消費も速く，数万年くらいの寿命しかないが，小さな星は現在の宇宙年齢の数倍も燃焼し続ける可能性がある．

褐色矮星[※1]はよく「恒星のなりそこない」とよばれる．水素の核融合反応に点火するほどの質量を持てなかった星の残骸だからだ．これらの星は，まわりの空間に熱を放出して，ゆっくりと死んでゆき，やがて消えてゆく．巨大なガス惑星と同じなので，「できすぎた惑星」と考えてもよいかもしれない．

赤色矮星は小さいけれども水素の核融合を起こすことができる星だ．低い温度で燃えるために，宇宙がいまの何倍の年齢になったとしても薄暗く輝き続ける．宇宙にある多くの恒星は——全体のおよそ75%の星は——赤色矮星である．

太陽型恒星（あるいは黄色矮星）は，その中心部で水素とヘリウムの両方の核融合反応に点火できる十分な質量を持つ星だ．これらの星がヘリウムを失ったあとは赤色巨星になり，周囲のガス層を照らして惑星状星雲とし，そしてやがて白色矮星となる．数千億年以上の時間をかけて（もし宇宙がそれだけ長く続くならば，だが），これらの星はゆっくりと冷却して，黒色矮星になってゆく．

超巨星や極超巨星は，星の仲間たちからみても病的に肥満している星である．太陽の10倍から数百倍の大きさの質量のものは，燃料の消費も大きく，数十万年程度の寿命である．

宇宙におけるすべての重元素の合成主である星たちは，そのコアでひとたび鉄が合成されると，超新星として爆発する．

中太りの星は中性子星やパルサーとなって生きのびるが，完全に肥満している星は，自分の巨大な体重で押しつぶされてブラックホールに変貌する．

図にした星の大きさは正しいものではない．たとえば，太陽の20倍の質量を持つ超巨星は，太陽の75倍の大きさになる．

※1 訳注：矮星（dwarf star）は，小さな星という意味．

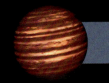

褐色矮星
質量：太陽の0.08倍
表面温度：1000℃
寿命（主系列）：不明

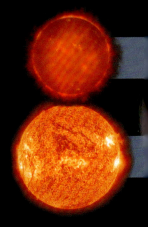

赤色矮星
質量：太陽の0.2倍
表面温度：3000℃
寿命：10兆年

太陽型恒星
質量：太陽の1倍
表面温度：5000℃
寿命：100億年

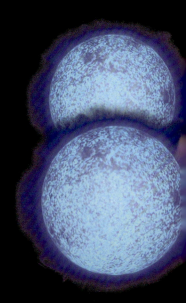

超巨星
質量：太陽の20倍
表面温度：12000℃
寿命：500万年

極超巨星
質量：太陽の100倍
表面温度：40000℃
寿命：100万年

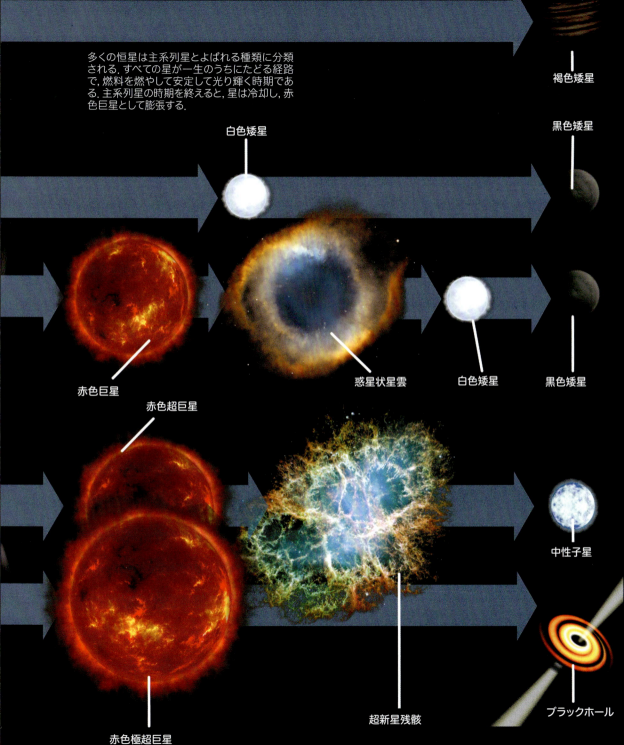

ヘビメタの神（重元素の創造主）

　軽い原子どうしがくっついて重い元素に変わるプロセスは，核融合とよばれる．前章では，水素がどのようにppチェインを通じてヘリウムに合成されていくか，ということをすでに紹介したが，星が水素の備蓄をなくしたあとはどうなってしまうのだろうか．
　星がどれだけ早く水素を使い切るのかは，その星の質量によって決まる．数百万年で寿命を終えるのか，数十億年間燃え続けるのかの違いはあるが，いずれにせよ水素がなくなってしまうことは共通だ．
　水素を失った星は，コア（星の中心部）内での核反応がいったん終了する．星の中心から外側に向けて熱放射による圧力がなくなるので，放射圧と重力のバランスがくずれ，他に支える力がはたらかないために，それまで内側に落ち込みたくても落ち込めなかった物質が，重力によってコアに向けて一気に落下してコア崩壊を引き起こす．
　コアが崩壊すると，そこでは再び圧力が大きくなり，もう一度加熱が始まる．水素の核融合に点火するのは1500万℃だ．だがすでに水素がないので，温度はそれ以上に高くなる．コアは密度をどんどん高くし，温度は次の魔法が始まる温度，1億℃に到達する．
　この温度で，星の一生は，次の段階に入る．ヘリウムの核融合だ．この核反応では，ヘリウム4の原子核は，互いにくっつき，炭素12や酸素16のように，陽子と中性子が4の倍数で含まれる原子核を持つ重い元素を合成する（116-117ページ参照）．こう書くと，単に4つの凸凹があるレゴブロックをくっつけて12や16の凸凹のあるブロックをつくっているような印象を持つかもしれないが，水素の核融合が生じたのと同じように，ヘリウムからの核融合反応は単にヘリウムが合体する以上の複雑なプロセスになっている．
　2つのヘリウム4を融合させると，ベリリウム8の原子核が得られる．しかし，その2つを合体させると酸素16が生じるわけではない．なぜならベリリウムは不安定な原子核で，2つをくっつけようとする前に壊れてしまうからだ．20世紀前半，この問題は天体物理学者を悩ませた．彼らは重元素が存在することを知っていたが（それはそうだ），どのようにして合成できるかがわからなかったのだ．
　1950年代になって，（ビッグバンの命名者である）フレッド・ホイルが，3つのヘリウム4を同時にくっつけると安定な炭素12原子核が合成できることを発見した（ヘリウム原子核はアルファ粒子ともよばれることから，この反応は，トリプルアルファ反応とよばれている）．本書では，このトリプルアルファ反応を詳しく説明する余裕はないが，ここで記したのはこの反応が深い意味を持ち，この後の理由づけでもとても重要になるからだ．どんなに当時の学説がこの反応は無理だと主張していても，ホイルは自説を信じ続けた．

彼は炭素12が存在していることから, 炭素12を合成する方法が何かしら**あるに違いない**と考えたからだ. 彼は次のようにも述べている.「私たちは自然界で炭素に囲まれて生活し, 私たちの体も炭素をベースにできている. だから星は何らかの効率的な方法で炭素を合成したはずだ. その方法を見つけたい.」

　ホイルの発見は, 奇妙な(そして重要な)結論を導いた. 炭素12の合成は, 不安定なベリリウム8の状態を回避する唯一正しいルートだったのだ. もし, このルートがなかったら, 星の核融合はベリリウム8の合成で終了してしまい, あなたも私も存在しなかった. だから, ここでも私たちは, 宇宙の中で「思いがけず」に存在していることがわかる.

　最終的には, 星はヘリウムを使い果たして核融合反応をもう一度終了させる. 正確には燃えずに残ったヘリウムが薄い殻となって取り囲むが(その外側には燃えずに残った水素が薄い球殻となって取り囲んでいるが), 星の

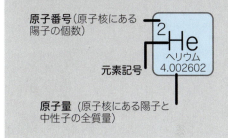

質量インディケーター

元素の名前の後に記載している数字は, 原子質量(同位体を含めた陽子・中性子・電子の質量の平均値)を表している. それぞれの元素は, 決まった陽子と電子の数で区別されるが, 中性子の数は変化する. 通常の元素と比べて中性子が多かったり少なかったりするものは, 同位体とよばれる. たとえば, 炭素には15種類の同位体がある. 炭素12と炭素13は安定な原子だが, その他は不安定な原子で, 時間が経つと崩壊して安定な原子に変化する. 炭素の中で一番長寿命な同位体は炭素14で, 5700年の半減期[※2]で放射線を放っている.

コアは収縮をはじめ, 内部をどんどん加熱して, 今度は炭素の核融合が始まる6億℃に到達する. 炭素の核融合反応は, ヘリウムのときよりも単純だ. 2つの炭素12原子核はマグネシウム24を合成することになる.

　この段階の核融合は, コアを安定化させ, 崩壊をやめる. しかし, やがては炭素の供給も尽きる. 再び崩壊し, 燃えずに残った燃料は堆積し, 加熱され, 次の核融合反応に点火する. 核融合に必要となる温度は次第に高温になり, 合成される元素も次第に重いものになってゆくが, これらの過程は鉄56が合成されて終了する. いわゆる「最終責任者は私だ」と名乗りをあげるのは鉄である.

※2 訳注:量が半分になる時間.

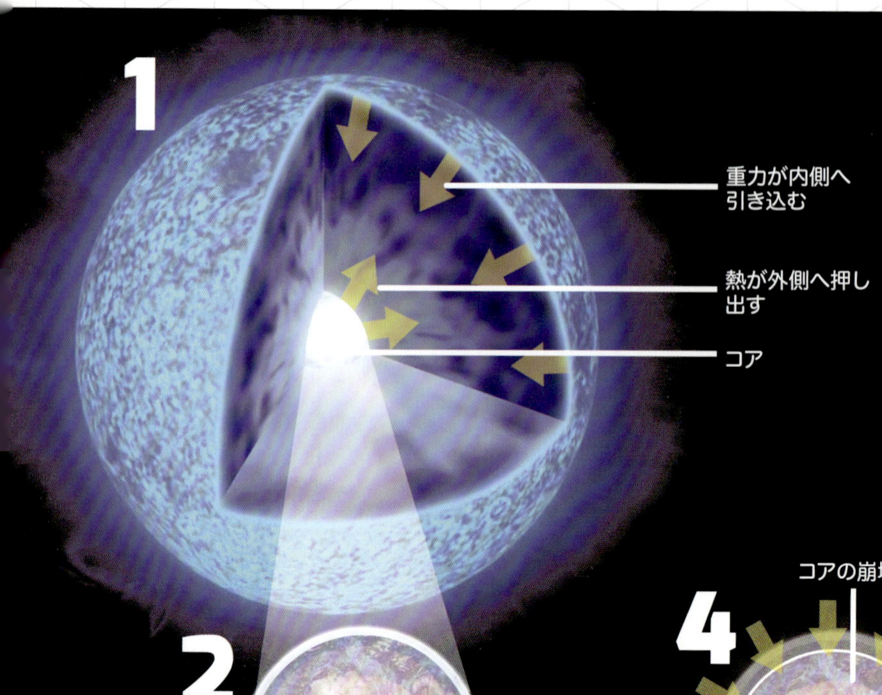

1

重力が内側へ引き込む

熱が外側へ押し出す

コア

1. 星のコア深くでは，星は常に重力と闘い続けている．重力は星の重さを利用して星自体を潰そうと試みているのに対し，星は熱をつくり出して，その崩壊に耐えようとしているのだ．

2. 星は，核融合反応により元素を燃やして熱をつくり出す．一番初めのスタートラインは，最も軽い元素である水素だ．

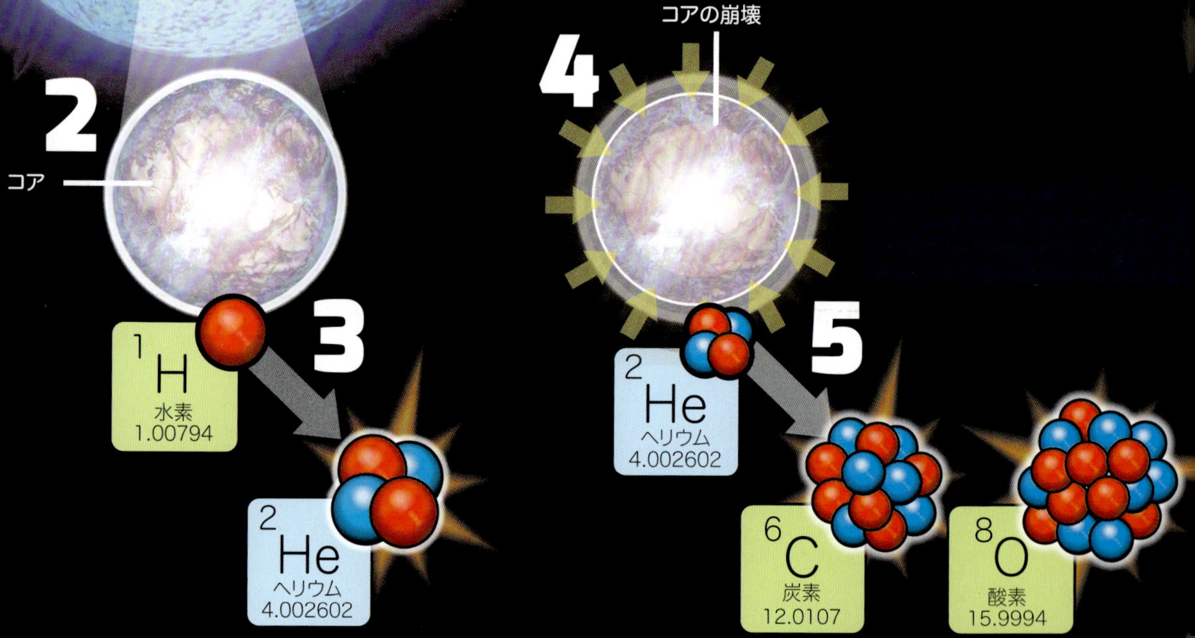

2 コア

3

^{1}H 水素 1.00794

^{2}He ヘリウム 4.002602

4 コアの崩壊

5

^{2}He ヘリウム 4.002602

^{6}C 炭素 12.0107

^{8}O 酸素 15.9994

3. 1500万℃の高温と巨大な圧力によって，水素の原子核（陽子）はppチェインとよばれる核融合反応を起こし，少し重いヘリウムを合成する．

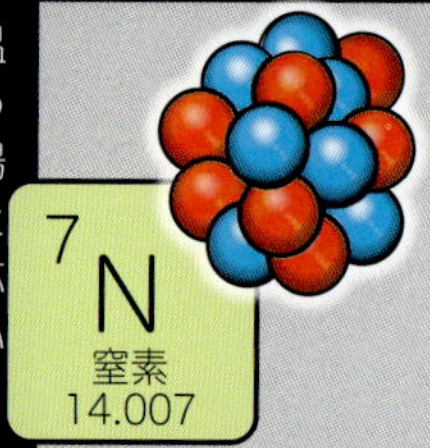

^{7}N 窒素 14.007

2世代目以降の星で，炭素や酸素を含む星であれば，この時点でCNOサイクル（119ページ参照）とよばれる水素の核融合反応によって，エネルギーを解放することができる．この方法のうれしい副産物で，（生命をつくるのに必須な要素である）窒素を合成できる．

4. 星は次第に水素を失い，コアの部分では核融合反応が終了する．

熱の解放が終わると，重力が待ってましたとばかりに星のコアを潰しにかかる．コアが潰れると内部では圧力が増大し，温度は1億℃まで上昇する．

化学元素のつくり方

偉大な創造主である重力は，偉大な破壊主でもある——星の元素合成を手伝いながらも星を壊そうと企んでいる．幸いなことに，この企てに対して星は秘密兵器を持っている．重力崩壊を少しのあいだだけ留めることのできる重元素の合成，熱核融合反応である．

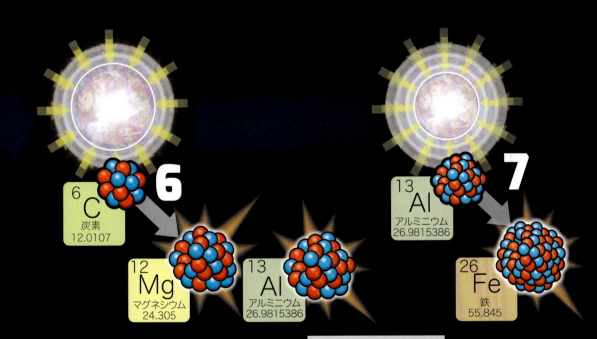

5. 1億°Cの温度になると，ヘリウムの核融合が始まり，星は再び安定になる．ヘリウムの核融合は，私たちの生命に欠かせない酸素と炭素を新しくつくり始める．

6. しかし，それほど長い時間がかからずに（100万年くらい），星はヘリウムを使い果たしてしまう．核融合が終了すると，重力は再び勢力を増大させ，星のコアを収縮させる．コアの温度は1億°Cまで上昇し，ここで炭素の核融合反応が点火する．今度はより重いナトリウムとマグネシウムがつくられ始める．

私たちの太陽のようにそれほど重くない星では，炭素の核融合反応が生じるほどの高圧力には至らない．そのため，太陽はここで死を迎えることになる．幸い，このような低質量の星では，燃料を使い切るのも長い時間がかかる．

7. 核融合反応，燃料の使い切り，コアの重力崩壊，核融合反応の再点火という一連のプロセスは何度もくり返され，次第に重い元素をつくりながら，最終的に鉄が合成されるまで続く．鉄は星の内部で合成される最も重い元素である．これより重い元素をつくるためには星は死ななければならない．

星の一生と死　117

星の死

　鉄56の原子核は安定性の面では一番である——どの元素も鉄以上に安定なものはない．通常私たちは，安定なことはよいことだと考える．安定している人間関係を求めるし，橋は安定しているに越したことはない．しかし，星にとっては鉄が安定だということは判決を下されたようなものだ．ひとたび鉄になってしまうと，もはや鉄はアルファ粒子を吸着して次の元素に変化することができないのだ．そのために，鉄にアルファ粒子をくっつけてさらに重い元素にするための唯一の手段は，これまでに核反応で放出されてきた以上の大きなエネルギーを必要とする．したがって，星のコアで核融合がひとたび終了すると，二度と核融合に点火することはない．星には選択肢がなくなり，将来が封じられてしまう．

　どんなに大きな質量を持つ星でも，この運命は変わらない．星は崩壊し，超新星爆発を引き起こすことになる．重力の一撃によって星のコアがかき回されるような段階に至るのは，本当に大きな質量の星だけである．質量の小さな星は，もっとずっと前の段階で死に至る．たとえば太陽は，ヘリウムの核融合が生じるところまでの質量しか持っていない．このサイズの恒星は，ガスの外層を押し出してヘリウム核融合を終えると，長い時間をかけて自身を冷やしながら炭素のかたまりを地球サイズにまでゆっくりと縮め，白色矮星とよばれる星になる（もしあなたが資本主義的な表現を好むなら，これは太陽の質量を持つ巨大な，1億×1億×1億×1億カラットのダイヤモンドである）．

　死にゆくときでさえも，巨大な星は宇宙における元素合成に貢献する．実際，金・鉛・水銀・チタン・ウランなどの，鉄よりも重い元素が合成されるのは，巨大な星の爆発による断末魔の瞬間だけである．

　核融合が鉄をつくって終了すると，星のコアはもはや自分自身を支え続けることができず，激しい勢いで収縮する．コアの外側にあった物質は支えを失って，ワーナーブラザーズのアニメに登場する悪役のワイリー・コヨーテのように[※3]，崖から飛び出して何もない足元に気づくことになる．もちろん，コヨーテが追いかけていたロード・ランナーからの天罰であるかのように，重力は現実となって襲いかかり，星全体はコアに向かって収縮を始める．

　この瞬間に，星のコアは重力のエネルギーを巨大な爆風の形で解放し，その爆風は落ち込んでくる物質と正面衝突する．2つの流れが互いに強打されることで，物質は圧

※3　訳注：1949年に登場したワーナーブラザーズのアニメシリーズに出てくるコヨーテのキャラクターの名前．名前のワイリー(Wile E.)は，「ずる賢い(Wily)」とかけている．アメリカの野鳥のキャラクターであるロード・ランナーを捕まえようと追いかけ回すが，必ず失敗する．

縮され，超高温に加熱されて衝撃波を形成する．この極限状態で，何割かの原子核は引き裂かれ，残りの原子核は高エネルギー中性子の爆撃にさらされることになる．中性子は原子核をより重いものに変貌させる．鉄よりも重い元素が合成され，大部分はウラン（自然界に存在する最も重い元素）のような不安定な放射性元素になり，それらはやがて金に代表される元素へと崩壊する．

123ページに続く➡

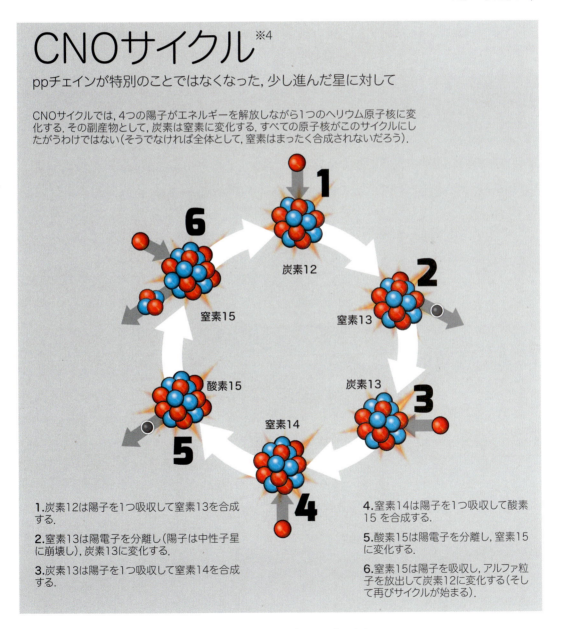

CNOサイクル※4
ppチェインが特別のことではなくなった，少し進んだ星に対して

CNOサイクルでは，4つの陽子がエネルギーを解放しながら1つのヘリウム原子核に変化する．その副産物として，炭素は窒素に変化する．すべての原子核がこのサイクルにしたがうわけではない（そうでなければ全体として，窒素はまったく合成されないだろう）．

1. 炭素12は陽子を1つ吸収して窒素13を合成する．
2. 窒素13は陽電子を分離し（陽子は中性子星に崩壊し），炭素13に変化する．
3. 炭素13は陽子を1つ吸収して窒素14を合成する．
4. 窒素14は陽子を1つ吸収して酸素15を合成する．
5. 酸素15は陽電子を分離し，窒素15に変化する．
6. 窒素15は陽子を吸収し，アルファ粒子を放出して炭素12に変化する（そして再びサイクルが始まる）．

※4 訳注：Cは炭素(Carbon)，Nは窒素(Nitrogen)，Oは酸素(Oxygen)を表す．

ダイハード：重元素を合成するまでは死ねない

鉄の核融合を発生させるには，エネルギーを解放するよりも多くのエネルギーを必要とする．ひとたび星のコアに鉄ができれば，それは死を意味する．核融合反応は終了し，星は重力のなすがままになる．鉄よりも重い重元素が合成されるのは，この星の断末魔の時期である．

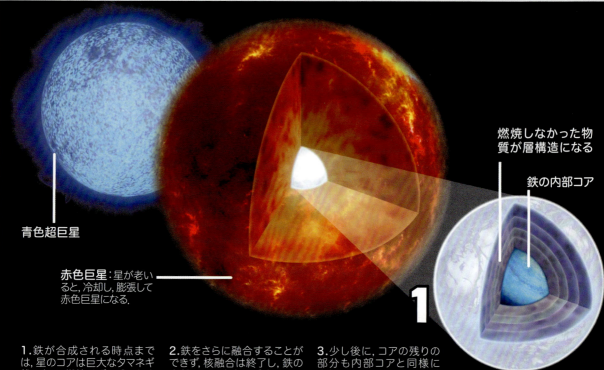

青色超巨星

赤色巨星：星が老いると，冷却し，膨張して赤色巨星になる．

燃焼しなかった物質が層構造になる

鉄の内部コア

1. 鉄が合成される時点までは，星のコアは巨大なタマネギ状である．燃焼せずに残ったすべての元素が層になっている．

2. 鉄をさらに融合することができず，核融合は終了し，鉄の内部コアは自身の重力によって激しく重力崩壊する．

3. 少し後に，コアの残りの部分も内部コアと同様に内側へ向かって収縮を始める．鉄のコアはそれ以上潰れることができず，中性子の塊に変形して崩壊が一時くいとめられる．

4. 上から降り積もる物質は中性子のボールにぶつかって跳ね返る．これが，重力のエネルギーを解放する爆風となる．

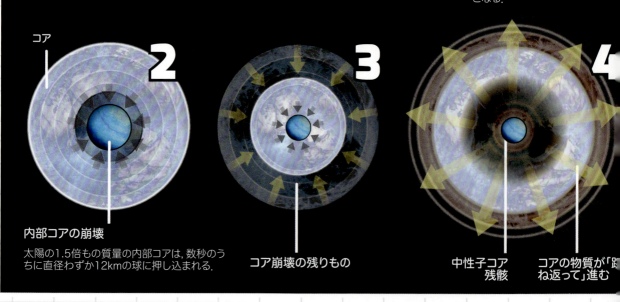

コア

内部コアの崩壊
太陽の1.5倍もの質量の内部コアは，数秒のうちに直径わずか12kmの球に押し込まれる．

コア崩壊の残りもの

中性子コア残骸

コアの物質が「跳ね返って」進む

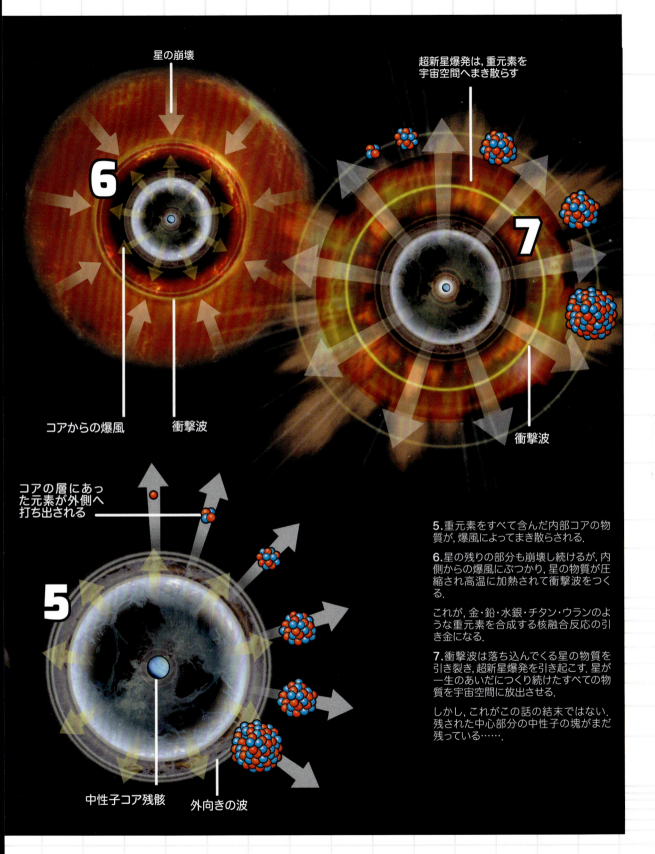

5. 重元素をすべて含んだ内部コアの物質が，爆風によってまき散らされる．

6. 星の残りの部分も崩壊し続けるが，内側からの爆風にぶつかり，星の物質が圧縮され高温に加熱されて衝撃波をつくる．

これが，金・鉛・水銀・チタン・ウランのような重元素を合成する核融合反応の引き金になる．

7. 衝撃波は落ち込んでくる星の物質を引き裂き，超新星爆発を引き起こす．星が一生のあいだにつくり続けたすべての物質を宇宙空間に放出させる．

しかし，これがこの話の結末ではない．残された中心部分の中性子の塊がまだ残っている……．

星の一生と死

超新星残骸：
死から生まれる
偉大な美しさ

爆発した星のあとにとり残されたこれらの幽霊は，超新星残骸となる．ゆくゆくは，これらの残骸は新しい星にリサイクルされる．前世代の星の中心部で鋳造された重元素を備えた次世代の星が生まれることになる．

上： SN 1572（チコの超新星）の合成写真

下左： かに星雲 (NGC 1952)

下右： LMC N 49

これらの美しい写真に対して，ギリシャ神話に登場するようなアガメムノン[※5]やアーエロペー[※6]のような素晴らしい名前をつけたいものだが，天文学者は，数字の入った名前をつけている．たとえば，「SN 1572」の数字は，発見された年号を表していて「超新星1572」とよばれる．

※5 訳注：トロイ戦争のギリシャ軍指揮官．
※6 訳注：ギリシア神話に登場する女性，アガメムノンの母．

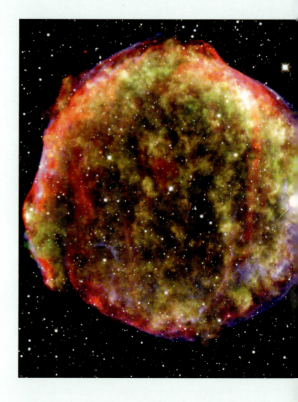

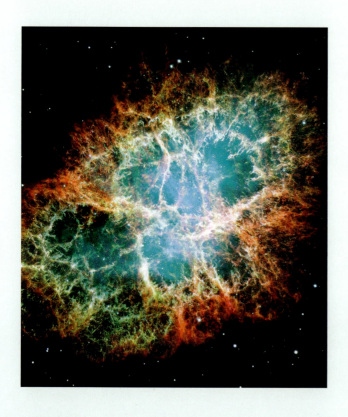

122

衝撃波が星の内部を進むにつれて，すべての物質が爆風で宇宙空間に飛び散る．そして，水素・ヘリウム・炭素・酸素・鉄・金（そしてその他，星が料理したすべての元素）とコアの外層として取り巻いていた物質が，雲として宇宙に広がってゆく．多くの種類の元素を含むこれらの雲は，超新星残骸とか惑星状星雲とよばれる（ただし，惑星状星雲は誤解をまねく名前だ．天文学者たちが惑星形成と関係のないことを見出す前に命名されてしまった名前である）．やがて，これらの雲は再び崩壊して，次の世代の星を形成することになる．

コアが衝突するとき

　ごく最近まで，重元素を合成するには超新星爆発が唯一のメカニズムで，ここで話が終わると考えられていた．しかし，2013年にハッブル宇宙望遠鏡によって，39億光年先の銀河から放出されるエネルギーの爆発的な流れから，重元素を合成する第2のメカニズムが考え出されるようになった．中性子星どうしの衝突である．

　中性子星は，重い星が最後に重力崩壊と超新星爆発を引き起こしたときの鉄のコアの残骸である．最後の数秒間で，鉄の内部コア（太陽の1.5倍から3倍の質量）は，直径がわずかに12kmから20kmの大きさへ圧縮される．（アメリカのマンハッタン島よりも小さいボールだけども，もし太陽の隣に置いたならば，強い重力で太陽のほうが周回運動を始めてしまう！）．

　原子がそのようにギュッと押し込められると，原子核とそのまわりを回る電子の間が詰まり，すべての電子は陽子と合体して中性子になる．数秒後には，鉄のボールは中性子のボールに変化し，中性子星となるのだ．正確さを欠くかもしれないが，人間を原子と原子のすき間をうめて中性子のかたまりに圧縮する機械があったとしよう（そんな機械があるかどうかは不明だが，あるとすれば，ロードランナーのアニメに登場するアクメ社製だろう）．そして現在の地球上にいる70億人すべてを集めて，中性子星と同じ密度にしたとすると，角砂糖1つのサイズの箱に押し込められる．

　角砂糖ではなく，中性子星の話に戻そう．もし中性子星が別の中性子星に遭遇したとする．2つの星の間にはたらく重力は強くて，互いを引き離さないようになる．そして，薄幸な恋人どうしに共通する話のように，涙の最後を迎えることになる．

127ページに続く ➡

星の一生と死　**123**

古いコアから中性子星へ

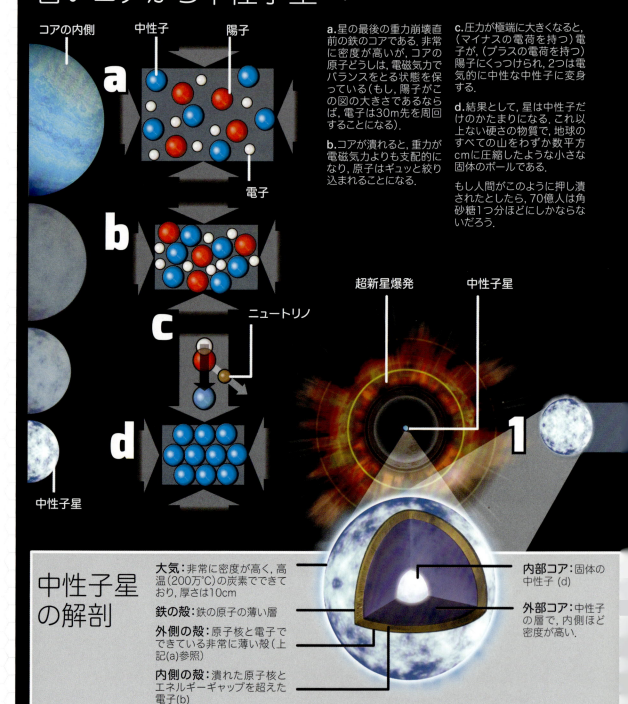

コアの内側 / **中性子** / **陽子** / **電子**

a. 星の最後の重力崩壊直前の鉄のコアである。非常に密度が高いが、コアの原子どうしは、電磁気力でバランスをとる状態を保っている（もし、陽子がこの図の大きさであるならば、電子は30m先を周回することになる）。

b. コアが潰れると、重力が電磁気力よりも支配的になり、原子はギュッと絞り込まれることになる。

c. 圧力が極端に大きくなると、（マイナスの電荷を持つ）電子が、（プラスの電荷を持つ）陽子にくっつけられ、2つは電気的に中性な中性子に変身する。

d. 結果として、星は中性子だけのかたまりになる。これ以上ない硬さの物質で、地球のすべての山をわずか数平方cmに圧縮したような小さな固体のボールである。

もし人間がこのように押し潰されたとしたら、70億人は角砂糖1つ分ほどにしかならないだろう。

ニュートリノ

中性子星

超新星爆発 / **中性子星**

中性子星の解剖

大気：非常に密度が高く、高温（200万℃）の炭素でできており、厚さは10cm

鉄の殻：鉄の原子の薄い層

外側の殻：原子核と電子でできている非常に薄い殻（上記(a)参照）

内側の殻：潰れた原子核とエネルギーギャップを超えた電子(b)

内部コア：固体の中性子 (d)

外部コア：中性子の層で、内側ほど密度が高い。

ダイハード2：古いコアに新しい技を教えるまで死ねない

超新星爆発は，重元素を合成できる唯一のメカニズムではないだろう．おそらく多くの重元素は，超新星爆発以外で合成されていると考えられる．有力候補は，中性子星として知られる超高密度のコア残骸である．

中性子星が衝突すると

1. 超新星爆発した星は，中性子星を残す．太陽の1.5倍程度以上の物質が12-20kmのボールに押し込められた状態のもので，中性子星の重力は莫大だ．

2. 2つの中性子星が互いに近づいたとすれば，互いの引力で間違いなく引き合って連星となる．

3. 連星となった2つの中性子星は次第に接近し，この不運な織姫と彦星は（！），ますます加速して時速1億kmに達した後に互いに合体する．

4. 合体した星のいくらかの成分は宇宙空間に飛び散ることになる．中性子のシャワーが周囲にある粒子に降り注ぐ．超高温に加熱し，核融合の波を伝播させ，金や鉛・水銀・チタン・ウランなどの重元素を合成する．

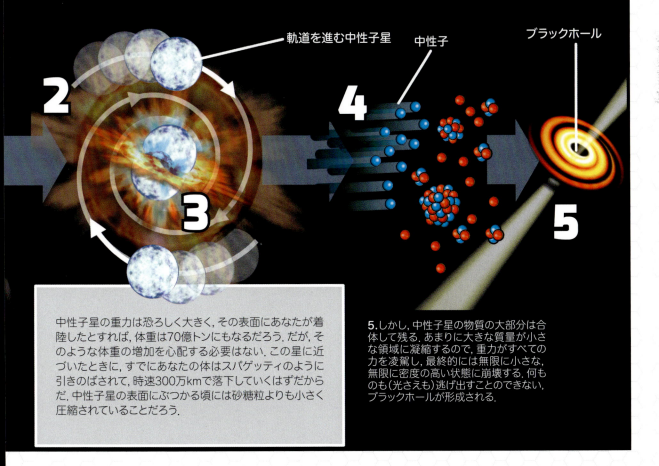

中性子星の重力は恐ろしく大きく，その表面にあなたが着陸したとすれば，体重は70億トンにもなるだろう．だが，そのような体重の増加を心配する必要はない．この星に近づいたときに，すでにあなたの体はスパゲッティのように引きのばされて，時速300万kmで落下していくはずだからだ．中性子星の表面にぶつかる頃には砂糖粒よりも小さく圧縮されていることだろう．

5. しかし，中性子星の物質の大部分は合体して残る．あまりに大きな質量が小さな領域に凝縮するので，重力がすべての力を凌駕し，最終的には無限に小さな，無限に密度の高い状態に崩壊する．何もかも（光さえも）逃げ出すことのできない，ブラックホールが形成される．

中性子星が中性子星でないのはい〜つだ？※7

高速に回転する中性子星は，極方向から強い放射線ビームを放出する．これらは，「パルス波を発する星」あるいは「パルサー」とよばれる．

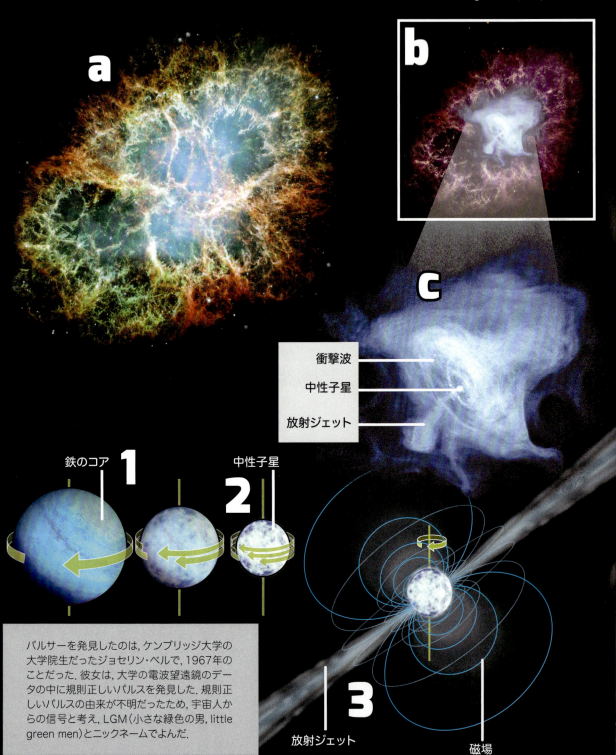

衝撃波
中性子星
放射ジェット

鉄のコア **1**　中性子星 **2**　**3**

放射ジェット　磁場

パルサーを発見したのは，ケンブリッジ大学の大学院生だったジョセリン・ベルで，1967年のことだった．彼女は，大学の電波望遠鏡のデータの中に規則正しいパルスを発見した．規則正しいパルスの由来が不明だったため，宇宙人からの信号と考え，LGM（小さな緑色の男，little green men）とニックネームでよんだ．

a. かに星雲をNASAのハッブル宇宙望遠鏡の可視光線で観測したもの．6500光年先の超新星残骸である．

b. 同じ星雲をNASAのチャンドラX線観測衛星によるX線写真で描いたもの．星雲の中心部分が特異な構造をしていることから，この星雲を生み出した超新星の残骸が中性子星となっているものと考えられている．

c. この中性子星は高速に回転するパルサーであり，周囲の星雲へ高エネルギーのジェットを吹き出している．星雲内でジェットが物質と反応し，衝撃波を形成する．

パルサーのしくみ

1. 超新星爆発を引き起こす直前の疲れ果てた鉄のコア．他の星たちと同様に，この星も死ぬ前は回転していて，そのため，コアの部分もその回転を保っている．

2. コアが潰れるにつれて回転は速くなる．中性子星になる頃には，1秒あたり1000回転もの速さになる（もっとも，多くの星は毎秒数回転程度であるが）．

3. 中性子星は，強大な磁場を持つ．星が回転すると巨大な発電装置のような作用をもたらし，強い電流を生じさせる．

この電流は磁力線に沿って流れ，過分な粒子加速器のようになり，陽子や電子を星の表面からはぎとって，高エネルギーの放射線ビームとして宇宙空間へ放り出す．

このジェットは，地球の方向を向いたときだけ見えることになる．星の回転に応じてジェットも回転する．したがって，地球からはジェットはパルス波のように見えるのだ．そこで，「パルス波を発する星」，パルサーとよぶことになった．

2つの中性子星は，互いを回るうちに，次第に近づいてくる．（フィギュアスケート選手が両手を体につけて高速回転をするように）角運動量保存則によって，軌道速度も増加し，相対速度は時速2億kmを超えるほどにもなり，互いに合体して何十億トンもの高エネルギー中性子を宇宙にまき散らすことになる．この合体は周囲の物質を粉々に砕き，超高温に加熱し，重元素を合成するチャンスを与える．

中性子星の合体のもうひとつの副産物として，ブラックホールの形成（詳しくは後述する）と，ガンマ線バーストとよばれる強い放射現象がある．

ハッブル宇宙望遠鏡によって発見された中性子星の合体から，月の質量の10倍と見積もられる金がつくられたかもしれない，との報告は，資本主義至上主義の広報担当者のおかげで，ずいぶんと大きく報じられた．（このような状況に免疫がなかったせいもあるが，イギリスの新聞「メトロ」の「宇宙の大爆発（ドッカーン）から金貨」という見出しはいただけないと思う．）

もちろん，たったひとつの観測が科学的な知見を確立するわけではないが，もし中性子星の合体でこれほど多量の重元素が合成されるのであれば，これまで長いあいだ宇宙物理学者を悩ませてきた問題を解決するかもしれない．というのは，星の中心での核反応（核融合）で鉄までを合成するという理論は，鉄のように強固でよく確立されたものだが，超新星爆発だけでつくられる鉄よりも重い．重元素の量を計算してみると，その結果は，今の宇宙全体の重元素量を説明するのに不十分だったからだ．

鉄より重い元素が, 巨星の爆発による断末魔だけでつくられたのか, あるいは中性子星の合体でつくられたのか, あるいはその両方か, という問題はある. しかし, いずれにせよ, 結論は同じである. リチウムよりも重い元素はすべて星の中でつくられ, 宇宙で発生した巨大な大爆発（ドッカーン）で宇宙空間にまき散らされたのだ.

　いつの日か, これらのすべての重元素はともに惑星をつくり, そのうち（の少なくともひとつで）生命をつくり始めた. しかし, もっと直ちに影響した副作用は, 重元素が星間ガスを急速に冷やしたことだ（はじめの水素分子に比べてかなりのスピードで, だ）. 重元素は宇宙のちりの粒をつくり, それらは冷却材となった. ちりの雲から熱を放射させ, ガスがすばやく潰れるようにした. 結果として星はすぐに形成され, ガスを十分に集める時間が短いために, 次世代の星は小さく, 燃え方も穏やかで寿命も長くなったのである.

　たった数億年で, 私たちの宇宙は, ガス雲の濃淡がわずかに感じられるような単純な状態から, 重元素を宇宙に吐き出す大きな星が多数ある状態に変化したのだ.

　しかし, 私たちはまだ第一世代の星の話を終えたわけではない. ここまでで説明したことは,（重元素をはじめから含んだ）次世代以降の星たちがどのように一生を終えるのか, ということだけだ. 第一世代の星たちは, 3つの陽子と3つの中性子の組からなるリチウム以上の複雑な物質を（ほとんど）含んでいなかった. そして, 次世代以降にできる星に比べて, 何倍もの質量を持つ巨大な星だったと考えられる. 最近の研究では, 星の大きさは次第に控えめになってきてはいるが, 少なくとも太陽の質量の25倍以上の質量を持っていただろうと考えられている. このサイズの星は,（炭素や酸素の存在を必要とする窒素を除いて）重元素を今でもつくり出していることだろう. そして, コアの重力崩壊を起こし, 超新星として爆発し, さまざまな成分を含んだガスをまき散らす. しかし, これらの星は質量が大きすぎるために, コアは大量の物質を有している. 重力崩壊が起こると, その結果は, 宇宙で最も極端で最も得体の知れないものを生み出す. ブラックホールだ.

ブラックホール
重力による完全支配

　コアの質量が太陽質量の3倍を超える星は，中性子星ができた時点でとどまることができず，重力崩壊を続けて，特異点とよばれる小さな一点に収縮してゆく．特異点こそが，ブラックホールに力を与える重力エンジンだ．

　特異点がどのくらい小さいものなのか，ここで述べておく必要があるだろう．砂糖の粒（十分小さいが）の大きさは，0.0001mで，この表現にはゼロが4つ必要だ．特異点の場合は，ゼロが35個必要になる．すなわち，

$$0.000000000000000000000000000000000001\text{m}$$

（この大きさの中に太陽の数倍の質量が詰め込まれることを思い描いてほしい）．

　数学者たちが特異点の内側がどうなっているかを考えると，無限に大きくなる数と闘わなければならなくなる．物理法則は破綻し，時間と空間は自殺したようなものだ（ビッグバン宇宙の始まりのときと同じ状態だ）．そのようなわけで，特異点を理解することはできておらず，その周辺の空間の影響を探ることしかできない．

　特異点の周囲では，重力が強く，時空は無限にゆがめられる．重力のつくる井戸はあまりにも深く，何ものも（光さえも）這い上がって脱出することは不可能だ．光も「落ち込んで」脱出不可能になる．特異点がつくる井戸の端を事象の地平面（イベント・ホライズン）とよぶ．この内側がブラックホールである．

　ブラックホールは，最も興味を集める魅力ある天体だが，宇宙の中ではほとんど理解されていない「くろもの」だ．何十年もの間，SFでは欠かせない悪役であり，陰に潜んで獲物を待ち伏せ，ひとたび捕らえるとすべてをむさぼり食い尽くす邪悪な化け物として描かれてきた．しかし，このような破壊的な姿で有名だが，ブラックホールは宇宙の中では重要な生産者側でもある．次の章で説明するが，ブラックホールは，じつに魅力的なものの生みの親である．銀河の母（父？）なのだ．

ブラックホール……重力が極限になるところ

すべての重い星が中性子星として運命を終えるわけではない.（初代星と同じように）質量の大きな星は, もっとドラマチックだ. これらの星のコアは, 重力のパワーの究極的な姿に変貌する. ブラックホールになるのだ.

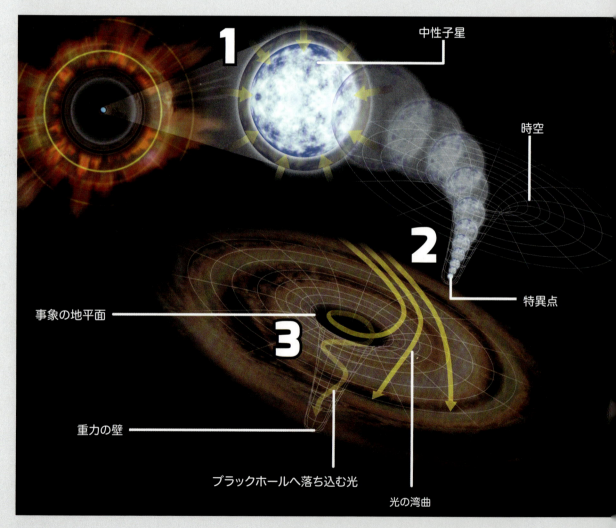

1. コアの質量が太陽質量の3倍を超える星は、中性子星ができたところで重力崩壊は止まらずにさらに進む．そして，想像もつかないくらい小さな，理解できないくらい高密度の「特異点」とよばれる1つの点に潰れてゆく．

2. 特異点のまわりでは，（私たちが知っている）物理法則は適用できなくなり，時間と空間は無限にゆがむ．重力はさらに強くなり，近づくすべてのものは飲み込まれ，永遠に失われることになる．

3. 重力の井戸から逃れることができなくなる地点，一方通行となる境界面を事象の地平面（イベント・ホライズン）とよぶ．事象の地平面を越えると，光の速度をもってしても脱出することができない．この「黒い」領域をブラックホールとよぶ．

4. ブラックホールの周囲では，どんな物質も飲み込まれてゆく．しかし，すべての物質が一度に落ち込んでいくわけではない．事象の地平面の近くでは破壊された物質が高速に回転してディスク状にならぶ，降着円盤とよばれる構造をつくる．

5. もちろん時空は2次元のシートではなく，3次元である（時間を含めれば4次元だ）．だからブラックホールは球状の天体であり，その内側に注目の的（特異点）を隠し持っている．

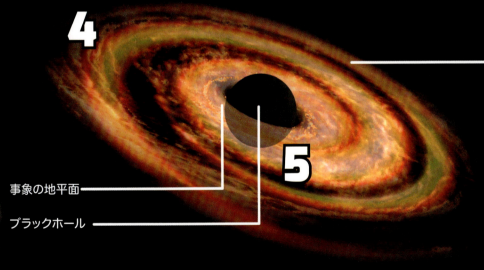

降着円盤：星をつくっていた物質がブラックホールへ落ち込んでいく

事象の地平面

ブラックホール

銀河の庭師たちに会おう

予想外かもしれないがここで私たちは（一時的に）宇宙づくりを中止し，宇宙を菜園にしてみよう．そしていくつかの大きな銀河を育て，その区画を手入れしてもらうために，ブラックホールを雇うことにする．

これまでのところ，私たちはいくつかの水素ガスでできた荒れ地の一画を使って，星の種を植え，育て，花を咲かせ，死んで散りゆくところを見てきた．宇宙全体に重元素の花粉が飛び散り，次の世代の星々が誕生する準備が整った．

　すべての庭師がいうように，本当に豊かな庭を造成したいと考えるのならば，プロを雇ったほうがよい．土壌を変え，雑草を抜き，栄養分を肥やす．植物どうしが近すぎれば，育ちが悪くなるので，植え替えも必要だ．つまり，私たちがつくろうとしている銀河の庭にも，プロの庭師が必要になる．驚くべきことに，超巨大ブラックホールがその役割を果たすのだ．

　ごく最近まで，銀河や星の成長を説明するのに，単純（でもないかもしれないが）な物理法則以上のものが必要になるとは誰も考えていなかった．だが，新しい研究によると，銀河は単純ではなく，ブラックホールと互いに仲よく協力して成長し，ともに生命を育み，そして分かつことができないほど親密だ，ということがわかってきた．

ブラックホール来たる

・・・・・・・・・・・・・・・・・・・・・・・・・・・・・・・・・

　ブラックホールのような奇怪なアイデアは，まねかれざるものではあるが，アインシュタインの一般相対性理論によって現実のものとなった（まるで，ガス料金の振込票を本のしおりに使ったまま忘れ，あとから未払いが発覚するようなものだ）．偉大な物理学者が，重力の正体は重い物体が周囲の時空の布地を曲げることだ，と再定義したとき，うっかりと恐ろしい怪物を潜ませてしまった．大きな質量を持つ物体は宇宙の基本構造をねじ曲げ，時空のまゆをかぶって光さえも抜け出せない場所をつくってしまうのだ．時間と空間自体が存在できない点である．

　アインシュタイン自身は，ブラックホールのアイデアを嫌い，理論的な帰結に困惑し，自分の計算のどこかに誤りがあると信じていた．しかし，ブラックホールは現実に存在したのだ．何十年かの研究の末，ブラックホールの存在は1970年代になって理論的に信

じられるようになり，宇宙で最もエネルギーの高い現象としても観測されたのである．

　今日では，ブラックホールは宇宙のあちこちに存在し，すべての銀河は（私たちの銀河系も含めて）太陽の数倍程度の質量を持つ100万個のブラックホールを所有していることがわかっている．彼らは星間空間を浮遊し，ガスやちりや時として漂う星を食べ続ける．しかし，私たちはすべての大きな銀河の中心に，もっと強烈な奴が隠れているのを知っている．太陽質量の100万倍から100億倍の大きさの超巨大ブラックホールだ．銀河全体をゆっくりと回転させる中枢である．

　天文学者たちは，銀河と中心にある超巨大ブラックホールの関係について注目しているが，両者の関係が解明されたとは到底いい難い．2頭馬車のようにともに成長してきたのだろうか？　ブラックホールは銀河形成の副産物だったのだろうか？　それともブラックホールが先にあって，その巨大な重力によって周囲にガスや星が集まることで銀河ができたのだろうか？　じつに「卵が先か，ニワトリが先か」問題である．

　残念なことに，ブラックホールと銀河形成は宇宙の現象のうち最も理解が遅れている2つである．それでも，いくつかの証拠から，宇宙論研究者は，超巨大ブラックホールがその銀河の成長に確かな影響をおよぼしている，と信じる説を打ち出し始めている．

　しかし，たった1つのブラックホールが，どうやって銀河全体に影響をおよぼすことができるのだろうか？　どんなに大きなブラックホールであっても，銀河全体から見れば小人である．たとえば，太陽の10億倍の質量を持つ超巨大ブラックホールでさえ，銀河全体の質量からすれば，ほんのわずかなかけらでしかない．たいていは1％もない．大きな岩石が地球サイズの惑星に影響をおよぼす，といっているようなものなのだ．

　だが，少し話を進めてみよう．庭師の話は置いておき，超巨大ブラックホールと銀河の関係を考える前に，まずそれらをつくり出す必要がある．

銀河をつくろう

　ビッグバンがすべてをはじき出してから7億年たち，宇宙のあちこちに，原始銀河系が存在するようになった．これらは小さなガス雲と星から放出されたちりから成り立っていて，宇宙全体を再イオン化して，暗黒時代を終わらせようとしていた．

　宇宙はこの時点でまだ十分に若く，まだ今日のようなサイズにはなっていないことを思い出してほしい．原始銀河が泳ぎ回るには宇宙は現在ほど「空っぽ」ではなく，お互いにぶつかりながら過ごしていたはずである．

　他のすべての重い天体と同じく，2つの銀河が近づくと互いの重力で引き合い（重力の丘を転げ落ち），双子のように回り始める．2つの渦巻銀河の逃れられないクルクルダンスは，ガスや星が入り混じった大混乱の中で互いに衝突するまで続けられる．

　しかし，この衝突は，2つの惑星が互いに衝突するときのような，破滅的なものではない．原始銀河の中身は薄く広がっているので，実際には衝突というよりも混ぜ合わさるようなもので，星たちにとっては気がつくと自分の所属している銀河が大所帯になっていた，という感覚に近い．

　それでも小さな銀河にとっては，このような合体は破壊的なものになり得て，共通重心が定まるまでは，銀河の物質がすべて撹拌器でかき混ぜられるように互いに争いを続けるような状態になる．星どうしは衝突する危険はほとんどないものの，2つの銀河に含まれていた水素分子雲はぶつかり合って（ガス雲が互いに激しく「ぶつかり合う」という限りにおいて）凝縮され，星形成の突風を引き起こす．

　星たちも安穏としていられない．銀河の合体が起きると，それまでにしたがっていた規則正しい回転運動がなくなり，新たな合体銀河の中でのランダムな運動に身を投じなければならなくなる．合体過程が終了して重心が定まり，原始水素雲の初期崩壊が一段落して銀河が回転運動状態をとり戻して，ようやく星たちは新しい軌道に落ち着くことができる．

　しかし，不幸にもそうとはならない星たちもいる．彼らは，銀河から放り出されてしまい，ひとり，銀河間をさまよい続ける「銀河間星（ローグ星）」として余生を送り続ける．

NASAのハッブル宇宙望遠鏡によるこのすばらしい写真は，Arp 142として知られる2つの銀河が互いに影響をおよぼし合っている天体である．ペンギンあるいはNGC 2936とよばれる天体は，かつては渦巻銀河のなりそこないだった．楕円銀河 NGC 2937によって中身がかき回されて引きのばされている．ペンギンの青い羽の部分は，この作用によって星形成領域となった部分である．宇宙のペンギンに注目だ．

成長していく重たい銀河

粒子どうしの重力による引力で第一世代の星や原始銀河ができたのと同様に,今日私たちが観測する巨大な銀河構造も小さな銀河たちが合体して形成された.

1.この図は銀河形成が進行しているところである.図の中心では,矮小銀河の群れが互いに引き合っている.数百万年後には,これらは合体して新しい銀河をつくり出す.クモの巣銀河とよばれる.この集団は106億光年先にあるため,ビッグバンから30億年経過したときの様子であると考えられる.

2つの矮小銀河の衝突過程は,あたかも複雑なバレエのようでもある.ダンサーが数百万年の時間をかけてゆっくりと結びついてゆく.

2. 2つの矮小銀河は重力的に束縛され,共通重心のまわりでゆっくりとダンスを始める.

3. 互いに近づくと,二者はガスとちりの腕を薄く伸ばし,互いに相手のコアに巻きつかせる.

4. 次第に両者は近づいて抱擁する.星やガスは混ざり合い,統合された回転力は物質を渦巻きの熱狂へと導いていく.

5. 両者のコアは合体し,1つにまとまる.ガスとちりは新しい銀河の中心へ落下していき,星形成の閃光を引き起こす.

6. 新たにできた重い銀河は,そのまま小さな銀河を飲み込もうと触手を伸ばす.銀河は質量を得て,星形成の新たな波が発生する.

7. 次第に銀河は十分な質量を得て,その構造は矮小銀河の吸収くらいでは構造を変えない程度に成長する.

銀河中心部の形成

銀河の合体を描いたこのシミュレーションは, ガスとちりがどのように銀河の中心へ「落ち込んでいく」のかを示している. 時間をかけて, 銀河の回転は雲を平らにならしていき, よく知られた銀河円盤が形成される.

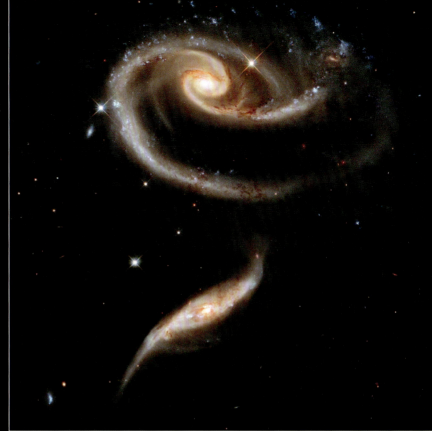

銀河の合体, 進行中

上: 3億光年先にある2つの銀河（恐竜時代よりも前に生じている映像を見ていることになる）. Arp 273とよばれる銀河群は, 互いの重力によって引き合っている. 小さいほうの銀河では活動的な星形成が生じており, この銀河が大きなほうの銀河を通り抜けてきたことを示している（銀河がすきまだらけなのがわかる）.

下: 互いの大きさが同程度の銀河のペア. 2匹のネズミとよばれる銀河で, 4億年後には合体して1つの渦巻銀河になると考えられている（これらは2億9000万光年先にあるので, 実際には1億1000万年先の話である. もっとも私たちがそれを確認できるのはそれから2億9000万年先である）.

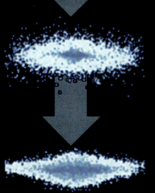

銀河の分類

天文学者たちは、1926年にエドウィン・ハッブルが用いた銀河系の分類法を今でも使っている。銀河系を見かけの形状で分類する方法である。

渦巻銀河

銀河の形の代表ともいえるのが渦巻銀河だ。回転するガス・ちり・星たちが平らな円盤を形成している。

中央部の古い星たちでできている密度の高い部分が、星の形成領域である外側の何本かの腕を巻き込みながら回転して円盤をつくる。私たちの天の川銀河は渦巻銀河である。

楕円銀河

卵型あるいはラグビーボール型に見える銀河で、新しい星をつくるガスが少量しか含まれていない。したがって、古くて老いた星がほとんどである。銀河の激しい衝突の結果できた銀河で、星を形成するガスの大部分は飛び散ってしまったと考えられている。宇宙で最も古い星たちは楕円銀河の中で発見されている。

レンズ状銀河

渦巻銀河と楕円銀河の中間に属するもので、渦巻銀河のように密度の濃い中央部を持つ円盤銀河だが、渦巻のような特徴的な腕を持たない。星間ガスのほとんどを失っていて、星形成は活発ではない。そのため、楕円銀河のように古い星を多く含む。

不規則銀河

名前が示すように、決まった特徴で分類されない銀河である。銀河の合体や衝突の結果として形成されたと考えられているが、決まった形状に落ち着かなかったり、渦巻や楕円になるような回転エネルギーが不足していたものである。

小分類

銀河は形状によって、さらに細かく分類されている。

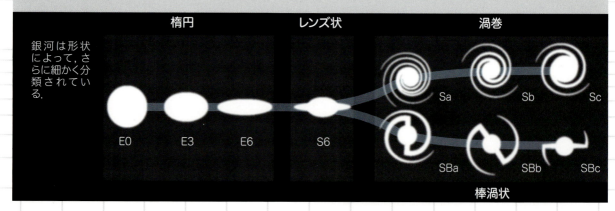

140

このプロセスはくり返され，銀河が宇宙をただようあいだずっと続き，中央部に次々と原始銀河を取り込みながら質量をゆっくりと蓄えていく．質量を得ると銀河は次第に速く回転し，平らな形に変形してディスク状になる．(ピザの生地を空中に投げ出して回転させると，平らになっていくのと同じだ)．わずか数億年の時間で，よく光るガス雲にすぎなかった原始銀河は，すっかり成長して何億もの星を有し，8兆立方光年の空間を超えるほどの大きさになり，宝石をちりばめたような巨大な車輪をゆっくりと回転させる銀河に成長したのである．

いつの日か，そう遠くない将来，ギリシャとして知られる土地で，天を凝視するひとりの男が，空に長く連なるぼんやりとした白い帯を天の川あるいは「ミルクの円」とよぶことになる．ずっと後の時代でも「天の川」とよばれ続け，ギリシャ語のミルクに相当する言葉 (galaxias)は，そのままこの構造を代表する言葉，銀河(galaxy)の語源になる．

古代ギリシャ人は銀河系の本当の姿を知る由もなかった(それが可能になったのは17世紀になってからだ．ガリレオ・ガリレイが望遠鏡を発明して，「ミルク」の正体が数え切れないほどの星々であることを示したときだ)が，神話上の動物が銀河の中心に潜んでいると知ったら，彼らはさぞ喜んだことだろう．星々を飲み込むことができる恐ろしい存在で，銀河全体を意のままに操れる創造主：宇宙版クラーケン※1の超巨大ブラックホールである．

天の川銀河は何歳？

私たちの銀河系が現在持っている渦巻き状のディスクは，宇宙誕生後30億年から40億年の間までにでき上がっていたと考えられている．しかし，天の川で見つかる一番古い星は，宇宙誕生後2億年のときにできたものだ．このことから，天の川銀河は多数の小さな銀河が集まって構成されたことがわかる．

超巨大ブラックホールをつくろう

科学者たちは，超巨大ブラックホールが形成されるメカニズムを解明しようとこれまで努力してきたが，まだごくわずかな理論しかできていない．理論のひとつは，トップ・ダウ

※1 訳注：北欧伝承の海の怪物．巨大なタコやイカの姿で描かれることが多い．

ン型のシナリオで，ブラックホールが先にできてから星や銀河ができた，とするもの．もうひとつは，ボトム・アップ型のシナリオで，星が生まれて一生を終えたのちにブラックホールが形成される，というものだ（144-145ページ参照）．

　ボトム・アップ型の理論のひとつによれば，銀河が合体する間，（あたかもオールで船をこぐと水流に渦が生じるように）両方の銀河から混ざり合った物質が，乱流によってぐるぐる回され，巨大なガスの渦巻きが発生して，ガスが中心部分へと集中していく．このように物質のかたまりが突如として銀河の中心部に沈むと，かたまりは自身の重力で収縮し，太陽の1万倍もの超超巨大な星をつくることになる．コアは崩壊に耐えられるほどの加熱が十分得られずに，1秒後にはブラックホールへと転じてしまう．面倒な超新星爆発とは別のシナリオでブラックホールになる．この若いブラックホールはそのまま太陽の1万個分の質量を持ち，少しでも近づくものをすべて食い尽くすパーティ会場の入り口になるのだ．

　トップ・ダウン型の別の理論によれば，超巨大ブラックホールの歴史は宇宙の非常に初期にまでさかのぼり，銀河そのものの形成にも関与した可能性がある．ダークマターがフィラメント状のネットワークをつくりはじめた頃，フィラメントが重なる「節」の部分は密度が高く，その重力の井戸が通常の物質を大量に飲み込むことができただろう，というアイデアだ．このかたまりが超超超巨大な星をつくるという点では上記の理論と似ていて，この星がそのまま超巨大ブラックホールになる，という筋書きである．

　これらのブラックホールは，いってみれば漁師の釣り針のように振るまう．通常の物質の群れをおびき寄せ，捉え，原始銀河へと閉じ込め押さえつけるのだ．ブラックホールからの莫大なエネルギー放出は，周辺の領域を蹴散らし，第一世代の星形成へと導いたのかもしれない．

　しかし，おそらく一番注目すべき（典型的なボトム・アップ型のプロセスでの）理論的なメカニズムは，ブラックホールが宿主の銀河とともに成長していく，という点であろう．

銀河は銀河とともに

　数億年分の時間をさかのぼり，銀河がまだ形成初期だった時代に戻ろう．もし接近して拡大して見たとしても，いくつかの星と多くのガスが目に入るだけで，ブラックホールは文字どおり本当に黒くて，その他のものはまったく見えないだろう．だが，私の開発したブラックホール検出用ゴーグル（特許出願中）を使えば，原始銀河は星の死によって残された多くの小さなブラックホールで満たされていることがわかるだろう．

　ブラックホールのほとんどは，太陽質量の数倍程度で大きくないが，大きいものもいくつかあるはずだ．それらは連星や三重星から生まれたブラックホールである．親星の

残がいとして留まるのではなく，これらのブラックホールは兄弟星をひとつあるいは2つを道連れにして，だんだんと太り続ける．太陽質量の10倍から始まり，兄弟を食い殺して太陽質量の20倍から30倍程度にまで成長する．

　膨れ上がったブラックホールは周囲よりも十分重い．そのため，銀河の中心に沈むようになり（味噌汁の中央に重い具が沈むのと同じだ），雑多なガスを食べ続けたあとは食べ物を失って強制断食となる．しかし，幸運なブラックホールには次のチャンスが来る．他の銀河との合体だ．

　2つの銀河が衝突し，すべてが混合されひとつの大きな銀河に落ち着く過程は，ガスにまみれて混沌としている．その中で，私たちのブラックホールは友人に出会う．他の銀河からやってきた相棒だ．自分の銀河の同胞と比べてもやはり少し大きくて重く，2人はすぐに意気投合して新しい銀河の中心でワルツを踊り，互いに回転しながら距離を縮めて合体する．両者の質量を合わせてひとつのより大きな重力源へと変身する．

　質量が増加するにつれて，ブラックホールは確実に新しい銀河の中心に居座るようになる．次の銀河が食料を届けてくれるようになるまで，新たに注入された星間ガスを吸い込み続けることになる．

　このように，銀河が合体すればするほど，合体・沈殿・吸収そして合体，というプロセスはくり返され，ブラックホールは超巨大な野獣，あるいは星の数百万倍の質量を持つ宇宙的な腫瘍に変貌し，成長した銀河の心臓部の奥深くに潜むことになる．

ブラックホール発電所

　数百万個の星をまとめた重力のかたまりであるブラックホールを私たちは手に入れた．さて次にきわめて驚くべき天啓を授けよう……（少しのあいだ，読者には落ち着く時間を差し上げよう）……．すべてのブラックホールは黒いわけではないのだ！　このことは受け入れられている知識に反するようだが（実際，ブラックホール自体が常識に逆らっているが，そのことは笑い飛ばし，頬をたたいて気を引き締め直そう），銀河の他の部分に重要な結果をもたらす決定的な鍵になる．

146ページに続く

ブラックホールに「超巨大」を取り

太陽の数億倍の質量を持つような超巨大ブラックホールたちは, ほとんどすべての銀河の中心に存在していると考えられている. 超巨大ブラックホールがこれほどの大きな質量をどうやって集めたのかは不明だが, 3つの学説がある……

ブラックホールを肥満にさせる3つの方法

初めの2つの理論は, 太陽の1万倍の質量を持つ不安定な星をつくる方法だ.

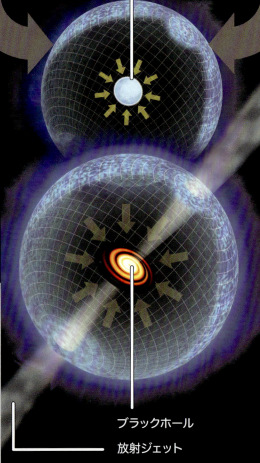

コアの崩壊

ブラックホール

放射ジェット

A

理論A：ダークマター（暗黒物質）の崩壊

原始水素ガスから最初の原始銀河ができる前は, ダークマターが重力の効果によりフィラメント状のネットワークを広くつくり上げていた. フィラメントがつながる場所あるいは節点では, ダークマターの圧倒的な質量は, 物質の膨大な量を引き込むのに十分で, 太陽質量の1万倍の大きさの巨大な星（巨星）をつくることができたと考えられる（上図と似た状況だ）.

B

理論B：銀河の衝突

この理論では, ダークマターの崩壊理論よりも1億年ほど後の, 銀河が成長する時代を想定する. 2つの銀河が衝突すると, その衝撃が乱流の大きな領域をつくり（上記と同じだ）, ガスは渦巻くようになる. 膨大なガスが吸い寄せられ, 銀河の中心に沈み, ものすごく不安定な, ものすごくものすごく大きい星（巨星）を形成する.

理論Aにしろ理論Bにしろ, 巨星がつくられるという工程は同じである. その驚くべき質量によってコアには核融合が生じず, 巨体を支える可能性が奪われる. したがって, コアは直ちに崩壊し, 星の中心に重いブラックホールをつくり出す. ひとたびそうなれば, 親星の残りの部分を食い尽くし, 通りすがりの星やちりも餌食になる.

信じられないことに, このプロセスは現在の宇宙でも多くの大質量星のコアで進行中だ（少なくとも小さなスケールで）. ウォルフ・ライエ星は, 質量が大きいがゆえに超新星爆発を起こすかわりに中心部のコアは崩壊し, 内側にブラックホールを抱えている. 星が内部から食われていくのだ.

ブラックホールが出会い,合体する

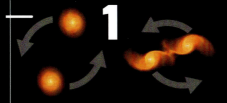

1

降着円盤

第3の理論は,2つの銀河が合体したとき,それぞれの銀河に含まれるブラックホールが新たにできた大きな銀河の中心に沈む,という筋書きだ.重力的に束縛されるようになり,連星ブラックホールとなって,次第に合体し,より大きなブラックホールを形成する(1).

このプロセスは銀河が合体するたびにくり返され,ブラックホールは次第に大きく成長してゆく.

銀河の合体のとき,銀河内の星は元の軌道から外れる.中心部のブラックホールに近づいたものはガスがはぎとられる.これらは,降着円盤に加えられ,次第にブラックホールに飲み込まれていく(2).

数百万年の後,ブラックホールは太陽の数億倍の質量を抱え込み,超巨大ブラックホールになる.

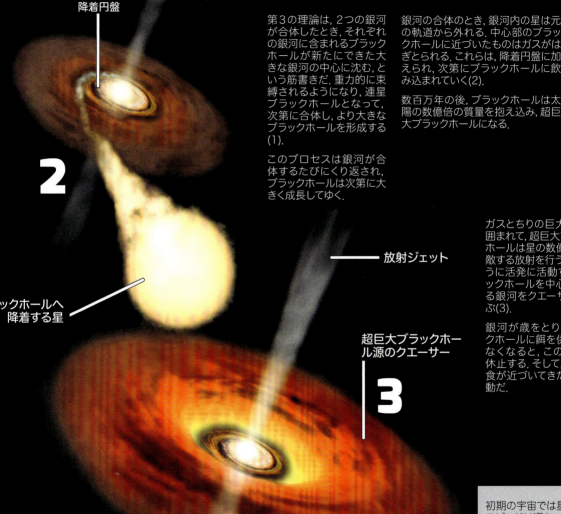

2

放射ジェット

ブラックホールへ降着する星

超巨大ブラックホール源のクエーサー

3

ガスとちりの巨大な雲に囲まれて,超巨大ブラックホールは星の数億倍に匹敵する放射を行う.このように活発に活動するブラックホールを中心に抱える銀河をクエーサーとよぶ(3).

銀河が歳をとり,ブラックホールに餌を供給できなくなると,この活動は休止する.そして,次の餌食が近づいてきたら再稼動だ.

初期の宇宙では星形成のスピードは遅かった.そのために,超巨大ブラックホールの餌となるガスは,現在の宇宙よりも多量に存在していた.

ブラックホールは吸い込まない

ブラックホールは，あたかも宇宙版の超巨大な掃除機のように，近づいたすべてのものを「吸い込む」とよく表現される．しかし，物質がブラックホールに吸い込まれるときには吸引力ははたらいていない．実際，ブラックホールは曲げた時空の布地を身にまとって，重力をつくり出し，すべてのものに影響を与えている．ブラックホールに落ち込んでいく物質は，時空の内向きの流れにそって動いているだけで，ブラックホールの境界面を通過するときは，落ち込むスピードが速くて逆向きに泳げない状態になっている．

実際に，事象の地平面（あるいは「端」）を超えた領域では，光も物質も重力により永遠に囚われの身となるから，ブラックホールは，これ以上ないほど黒い．しかし，同時にブラックホールは，銀河の星全体よりも多くのエネルギーを放射している．それには事象の地平面に集中する莫大な力の動力源が不可欠である．

ブラックホールは近寄ったものをすべて飲み込むが，排水口に吸い込まれる水を見ればわかるように，穴に向かって直進していく流れになることは滅多にない．ブラックホールが星のガスすべてをはぎとるとはいっても，一度に星全体を飲み込んでしまうわけではない．星の質量はブラックホールのまわりに集まり，（水が渦を巻きながら流れていくように）回転円盤をつくる．降着円盤とよばれる構造である．

　降着円盤は，ブラックホールに近い内側に比べて外側の領域ではゆっくりと回転する．自転車の車輪のスポークに穴のあいたシリアルを通してみよう（1980年代に発売されたドーナツの小型版のシリアルだ）．タイヤ近くの外側にあるシリアルと，軸の近くにあるシリアルの動きを比べてみると，外側のものは1回転するのに大きな距離を動くのでスピードが速くなる．これは自転車の車輪が固体なので明らかなことだが，ブラックホールの降着円盤は液体でできた力学系なので物質ごとに回転速度が変わり，様子は少し異なる．速度の異なる物質どうしが接すると互いの粒子は摩擦を引き起こし，移動のエネルギー（運動エネルギー）は熱へと変換される．こうして運動エネルギーを失うことになるので，粒子はスピードを落とし，これまで以上に重力の影響を受けやすくなる．そのために物質は周回しながら回転半径を縮め，ブラックホールへと落ち込んでいくのである．

事象の地平面の大きさ？
一番巨大なブラックホールでさえ，銀河の大きさに比べれば取るに足らない大きさである．

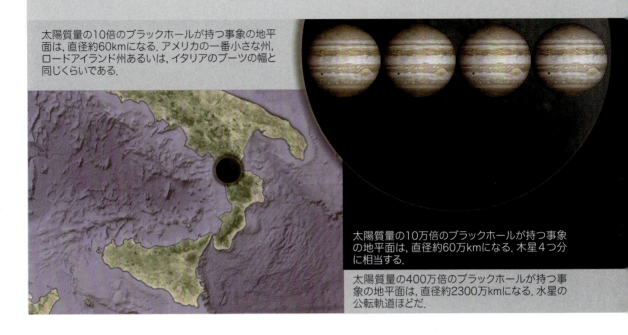

太陽質量の10倍のブラックホールが持つ事象の地平面は，直径約60kmになる．アメリカの一番小さな州，ロードアイランド州あるいは，イタリアのブーツの幅と同じくらいである．

太陽質量の10万倍のブラックホールが持つ事象の地平面は，直径約60万kmになる．木星4つ分に相当する．

太陽質量の400万倍のブラックホールが持つ事象の地平面は，直径約2300万kmになる．水星の公転軌道ほどだ．

事象の地平面での事象

　物質がブラックホールに飲み込まれて「落下する」点，すなわち光速であっても逃れることが不可能となる一方通行の境界は，事象の地平面（イベント・ホライズン）あるいはシュワルツシルド半径とよばれる（ドイツの天文学者カール・シュワルツシルドが1916年にこの存在を導く式を導出したことに由来する）．事象の地平面がすべてのスタート地点である．

　惑星や銀河，あるいは宇宙に存在するあらゆるものと同様に，ブラックホールも回転する．しかもブラックホールの回転は非常に速い．ブラックホールは星からつくられるが，もともとすべての星は回転している．そのため，星のコアが崩壊を始めると，角運動量保存則にしたがって星の回転は速くなる（スピンするフィギュア・スケート選手を思い浮かべてほしい．この例を持ち出すのは何回目かで読者も飽きているかもしれないが，スケート選手が腕を体につけると回転が速くなるのと同じ原理である）．星が中性子星に崩壊してしまうまでには，回転は毎秒1000回転以上の速さになり，特異点に崩壊するまでには，光速に匹敵するほどの速さでブラックホールは回転していることだろう．正確にいうならば，ブラックホールではなくて時空そのものが光速近くの速さで回転しているのだ．

151ページに続く

ブラックホールの輝かせ方

ブラックホールは光や物質を飲み込むだけの時間と空間の布地構造にぽっかりとあいた単なる穴ではない.重力発電型のエンジンともいえ,星の持つ核融合炉が効率が悪いと思えるほど物質からエネルギーをしぼり出せる能力を備えている.

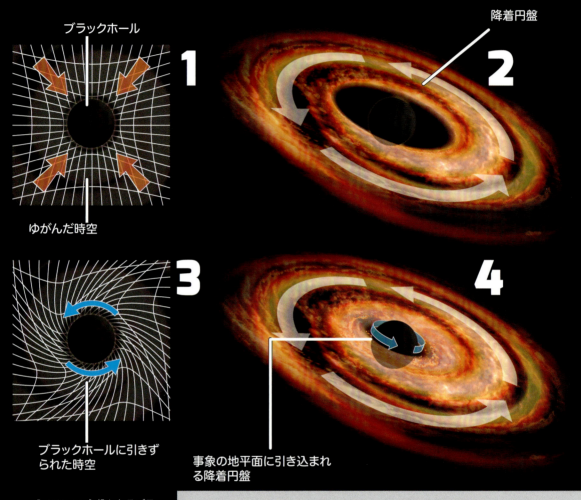

1. ここでの主役となるブラックホールである.周囲の時空の布地をゆがめ,重力を発生させている.近傍では重力が大きくて,光でさえも抜け出すことができない.

2. 周囲にあるのは降着円盤である.ガスとちりが回転する皿のようにブラックホールを取り囲む.もしもブラックホールが一息いれて落ちついてしまったなら,円盤にある物質は軌道角運動量のために,ブラックホールへ落ち込んでいくのを止めるだろう(地球が太陽へ落ち込んでいかないのと同じ理由だ).

3. ブラックホールが回転するのに応じて,時空の布地もその周囲で引きずられる.回転するドリルで引き込まれるシートのように,空間そのものはねじ曲げられる.このプロセスは,座標系の引きずり効果,として知られる.

4. 時空が内側に引き込まれると,円盤にある物質も近くへ引きずられる.物質が事象の地平面に到達すると,新しい変化が起こる.この点から先はブラックホールの重力が大きくて光さえも脱出することができない.

ブラックホールは,死んだ星のコアの残骸だ.星はふつう回転しているが,星が死ぬとその回転はコアに引き継がれる.自分の重力で崩壊すると,コアの回転は加速し,ブラックホールになる頃にはその回転の速さは光速近くにまで到達する.

事象の地平面を通りすぎると,時空は光速よりも速くブラックホール内部へと落ち込んでいく.そのためすべてのものも光速を超えて加速されて落ち込んでいく(光が脱出できない理由がこれである.時空自体が光速を超えて落ち込んでいるので逆らって脱出できないのだ).

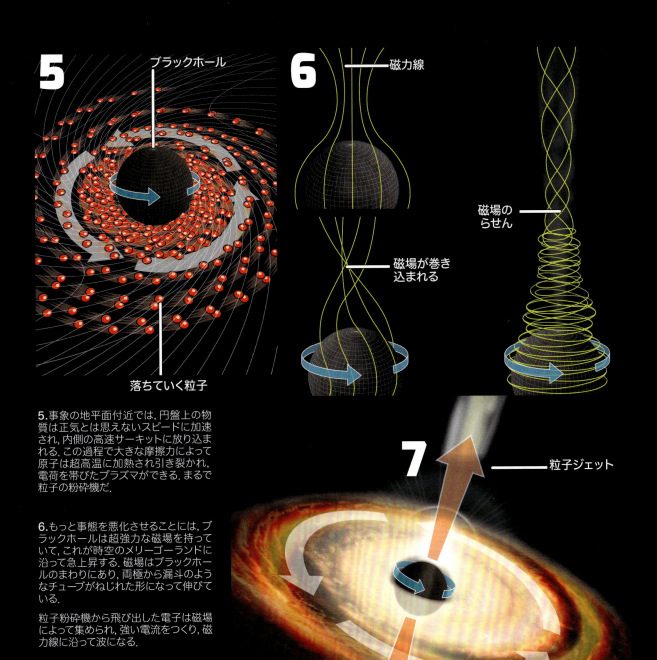

5 ブラックホール / 落ちていく粒子

6 磁力線 / 磁場が巻き込まれる / 磁場のらせん

7 粒子ジェット

5. 事象の地平面付近では，円盤上の物質は正気とは思えないスピードに加速され，内側の高速サーキットに放り込まれる．この過程で大きな摩擦力によって原子は超高温に加熱され引き裂かれ，電荷を帯びたプラズマができる．まるで粒子の粉砕機だ．

6. もっと事態を悪化させることには，ブラックホールは超強力な磁場を持っていて，これが時空のメリーゴーランドに沿って急上昇する．磁場はブラックホールのまわりにあり，両極から漏斗のようなチューブがねじれた形になって伸びている．

粒子粉砕機から飛び出した電子は磁場によって集められ，強い電流をつくり，磁力線に沿って波になる．

7. 上記の時空の粉砕機によって円盤から飛び散った粒子は，漏斗に飲み込まれ，電流で加速され（まるで地獄にあるラージ・ハドロン・コライダーのようだ）電荷を持った粒子や放射として，集中したビームのようになって宇宙空間に放出される．

ブラックホールは，落ち込んでくる物質の質量の28%をエネルギーに変換できる．原子核融合の50倍に匹敵する効率だ．

このプロセスによって，ブラックホールは太陽の100万倍以上のエネルギーを放出できるが，この程度では，宇宙に存在する他の超大質量ブラックホールの兄弟たちに比べたらごくわずかな量だ．

へんてこ宇宙：一風変わった科学の側面から見えてくる奇妙な事実

空間をゆがませて時間を旅する
——ブラックホールでタイムマシンをつくる方法

ブラックホールは周囲の時空の布地をゆがめてしまう強力な効果を持っている．この効果は，理論的には未来への時間旅行を可能にする．

時間は相対的だ

アインシュタインは，時間の進み方は，どこに観測者がいるか，観測者がどういう速度で動いているかによって変化することを示した．不思議なことに時間も柔らかで伸び縮みするものなのだ．結果として，すべては相対的だ，ということになる．

「かわいい女の子といると1時間が1分に感じられる．熱いストーブの上に1分間手を当てると，まるで1時間位に感じられる．これが相対性理論だ．」
　　　　　アルベルト・アインシュタイン

アインシュタインが述べたのは，時間の進み方は統一されているものではなく，個人的なものだ，ということだ．私たちが経験する時間は，どのように計るのかによって決まる．

彼の一般相対性理論によれば，時間は，私たちの生活を刻みゆく任意で無形の方法というわけではなく，空間の布地の中に組み込まれた1つの要素，すなわち時間は四次元目の「空間」ということになる．

アインシュタインの発見によれば，もしあなたが時空を操作することができるなら，時間そのものもコントロールできるということだ．時空を操作するという話だが私たちにとっては難しい話だが，ブラックホールはまさにこれを行うために生まれてきたようなものだ．

重力を使って時間を旅する

1. 私たちは重い星が周囲の時空をゆがませ，重力の井戸をつくることをすでに知っている．質量が大きいほど時空のゆがみは大きくなる．私たちは重力の大きさは距離の逆2乗則によって決まること，つまり，天体に近づくと重力も大きくなることも知っている．したがって重力源に接近すればするほど，時空のゆがみも大きくなる．

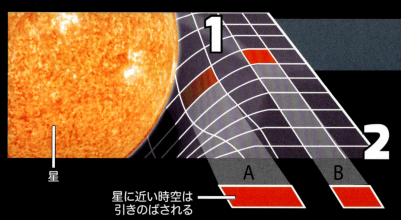

星
星に近い時空は引きのばされる

2. この時空の引きのばしは時間についても同じだ．Aの領域にいる人の時間はBの領域の人よりもゆっくりと進む．

しかし，なぜ空間の引きのばしが時間を遅らせるのか？

アインシュタインの方程式は，光速はどの人にとっても同じであることを示している．あなたがどこの場所で見ても，光は秒速30万kmで飛んでいくことになる．

a. 観測者Aと観測者Bは，どちらも光が同じ速度で動くと測定する．しかし，領域Aのゆがんだ空間では，光はさらに移動しなければならない．

光
引きのばされた空間

b. 光は秒速30万km以上の速度では移動できないため，この距離を進むのに十分に時間を得る唯一の方法は，領域Aでは時間がゆっくり進むと考えることだ．

光

c. もし観測者Bが領域Aを眺めたとすると，領域Aでは時間がゆっくりと進んでいるように見えるだろう．ただし，どちらの観測者も自分自身は「ふつうのスピードで」時間が進んでいると感じている．

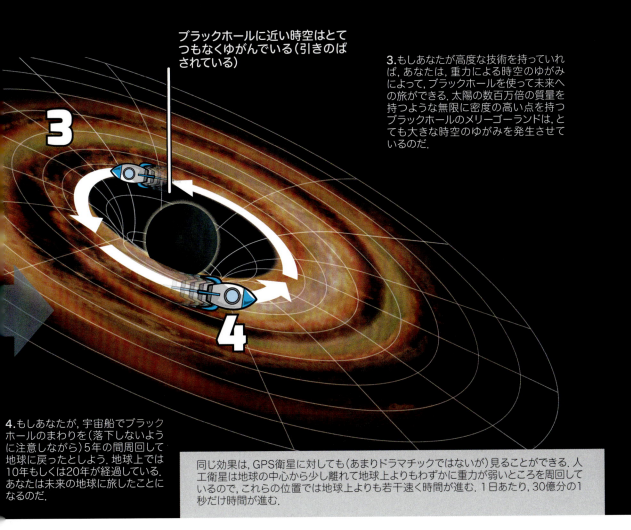

ブラックホールに近い時空はとてつもなくゆがんでいる(引きのばされている)

3. もしあなたが高度な技術を持っていれば,あなたは,重力による時空のゆがみによって,ブラックホールを使って未来への旅ができる.太陽の数百万倍の質量を持つような無限に密度の高い点を持つブラックホールのメリーゴーランドは,とても大きな時空のゆがみを発生させているのだ.

4. もしあなたが,宇宙船でブラックホールのまわりを(落下しないように注意しながら)5年の間周回して地球に戻ったとしよう.地球上では10年もしくは20年が経過している.あなたは未来の地球に旅したことになるのだ.

同じ効果は,GPS衛星に対しても(あまりドラマチックではないが)見ることができる.人工衛星は地球の中心から少し離れて地球上よりもわずかに重力が弱いところを周回しているので,これらの位置では地球上よりも若干速く時間が進む.1日あたり,30億分の1秒だけ時間が進む.

　回転の効果により,ブラックホールは周囲の時空の布地に「ほつれ」を与える.時間と空間はどちらもブラックホールのまわりで,ねじ回しに引きずられたシートのようにねじ曲げられる.天文学者たちが,座標系の引きずり効果とよぶプロセスである.

　事象の地平面では,極端に大きな重力エネルギーと摩擦や乱流の組み合わせが,粒子の粉砕機のようにはたらく.円盤の物質を数十万℃に加熱し,原子を引き裂き,光速に近い速さまで加速する.

　もっと都合の悪いことに,高速に回転する磁場がブラックホールのまわりにあり,それが莫大な電磁気的な力をおよぼすことになる.磁力線に沿って大きな電流が流れ,まるで地獄にあるラージ・ハドロン・コライダーのように粒子を光速ぎりぎりまで加速させる.

　ブラックホールの上下には,両極から磁場が漏斗状のチューブがねじれた形になって伸びている.この磁力線上の粒子はまだ事象の地平面の「脱出可能」側にあり,大きな

エネルギーを持って放出される．ブラックホールの大きな磁場によって抜け道をつくられ，宇宙空間に高加速状態の電荷と強力な放射を帯びたジェットとして粒子が放り出され，光速に近い突風になる．

（宇宙における最も効率のよい，物質からエネルギーへの変換器である）このプロセスが意味するのは，ブラックホールは，太陽の数百万倍あるいは数十億倍以上のエネルギーをも放出できる天体だということだ．

クエーサー

このような活動的な超巨大ブラックホールを中心に持つ銀河はクエーサー（準星）とよばれる．この名前は，星に準ずる天体という意味だが，これは初めて発見されたときに，小さな星のように思われたからだ．

星とは異なり，クエーサーはいつでも活動的というわけではなく，周囲に食料がどのくらいあるかによって自らのスイッチをオンにしたりオフにしたりする．どんなに小さなクエーサーであっても，毎年太陽質量の10倍に匹敵する物質を消費している．最も活動的なものは，毎年太陽の1000倍以上の質量をむさぼり食う．この割合で消費が進むと，ガスがなくなるのは時間の問題でしかなく，クエーサーはやがてふつうの銀河に落ち着いていく．

しかし，活動的なあいだは，超巨大ブラックホールをエネルギー源とするクエーサーは宇宙の一角でじつにドラマチックなはたらきをする．莫大なエネルギー（1兆×1兆×1兆ワットに相当する）がジェットの形で放出され，星間空間を他の物質にぶつかるまで10万光年から100万光年の距離を飛び続け，（ホースから出た水が壁にぶつかって，勢いよく弾き返されるがごとく）X線の水しぶきまたは電波を放出する「ダンベル」の形のように広がっていく．

銀河の中心近くでは，すべてのエネルギーはまわりの空間を温めることに使われ，新しい星がつくり出されるのを防いでいる．しかし，外側では，ジェットは星間ガスをイオン化し，星間物質に巨大な泡構造を膨れ上がらせる．これらの泡は音波をつくり出す（そう，ブラックホールが「歌う」と表現してもよい．ただし，音は低く，聞き取れないほどのゴロゴロとしたものだ）．普通の音波と同じように，ブラックホールのうなりは伝播していく星間空間を圧縮し，一部ではギュッと絞り込んで新しい星をつくるような収縮の駆動力にもなる．

それゆえ，活動的なブラックホールを持つ銀河では，中心部分で星形成は見られな

いが, 銀河の端では重たい青い星が形成される理想的な状態になる. これが超巨大ブラックホールが宇宙の庭師といわれるゆえんである. 彼らは星形成を遅くすることで「雑草を抜き」, 別の場所では養分を与えて新しい星の成長を促進しているのだ.

銀河の質量と, その中心にある超巨大ブラックホールの質量には, いつでも正確に1000:1という直接の関係が見られる. このような正確な割合は, 銀河の発達が中心のブラックホールと密接にかかわっていることを示唆している. この印象的な比例関係は, 超巨大ブラックホールなしでは, 今日宇宙のあちこちに見られる成長した銀河がありえなかったことを示しているのだ.

さらに, 宇宙初期にブラックホールが放射を行って再イオン化のプロセスを加速し, 宇宙の暗黒時代が終了して, 宇宙がその後に迷惑なほど光輝く野獣で満たされるようになった, というアイデアを含めると, 「ブラックホールさまさま」といえる.

腕のよい庭師

私たちの銀河, 天の川銀河に居座る超巨大ブラックホールこそ, 私たちの産みの親なのだ(156-157ページ参照). 私たちの超巨大ブラックホールははるか彼方にある(およそ2万5000光年先だ)が, あなたと私が今ここにいることになる数々のイベントに確かな影響を与えてきた.

私たちの超巨大ブラックホールは今は休眠中だが, 10億年前はガスを吸い込み, 星を裸にして食らいつき, 食後のげっぷ放射を空間に吐き出していた.

私たちの宇宙の庭師が活動的だったあいだ, 銀河の小さなある領域では雑草取りをして短期間で燃え尽きて爆発してしまうような重い星の形成を妨げて, 小さくて比較的に穏やかな長寿命の星たちを育てる環境を整えてくれた. 私たちの星は, その恩恵にあずかって, とくに特徴のない黄色い星となり, いつの日か太陽とよばれるようになった.

クエーサーの正体を暴くいくつかの方法

ハッブル宇宙望遠鏡のような光学望遠鏡だけでは天体の一面しかわからない．すべての姿を知るために，天文学者たちは電磁スペクトルの異なる波長に特化したさまざまな望遠鏡を利用している．ここでは同じ銀河（ケンタウルスA）を異なる波長で見たときに，どのように違って見えるかを紹介しよう．

1. 可視光（VLT, ESO）

可視光によるイメージは，私たちがケンタウルスAへ旅して見たときに実際に見えるイメージにじつに近い．銀河中心にある1億個の星からできている，明るいクラスターを見ることができるが，銀河の特徴の多くはちりの雲の背後に隠れている．

2. 紫外線（天文衛星ギャレックス, NASA）

銀河を紫外線で観測してもちりの雲問題は解決しない．なぜなら，可視光と同様に，ちりの雲を通ることはゴミ箱を通過するようなものだからだ．しかし，紫外線領域で明るい箇所（上部左の青色の部分）も見える．ここは新しく形成された星が生命の誕生を祝っているところだ．

3. 赤外線（スピッツァー宇宙望遠鏡, NASA）

赤外線を使うと（赤外線はちりの雲を通過できる）ちりのうるさい雲は消えて，銀河の形状は突然明らかになる．

4. X線（チャンドラX線観測衛星, NASA）

X線部分で見ると銀河の様子はかなり違って見える．X線は，銀河の中心から放出されるX線のジェットを鮮明に写し出す．X線は高エネルギーや高温の物体から放出されるので，何か劇的な現象が発生しているようだ．

| 電波 | マイクロ波 | 赤外線 | 可視光線 | 紫外線 | X線 | ガンマ線 |

5

5. 電波（VLT, ESO）

スペクトルの反対側，波長の長い電波領域で撮像すると，ジェットは再びドラマチックに写っている．2つの広いエネルギーを持つ柱の部分が空間へ吐き出されているのが見える．太陽の5500万倍の質量を持つモンスター・ブラックホールによって原子が引き裂かれた物質が超高温状態のジェットとなっていると考えられている．

紫外線で写された星形成領域は，クエーサーが原因であるとみられている．

下図：異なる波長で得られたデータを組み合わせることにより，天文学者は魅力的な合成画像を作成して，人間の目では見ることのできない構造を明らかにしている．

銀河の庭師たちに会おう

天の川──私たちの故郷とよばれる銀河

天の川銀河は棒渦状銀河で直径およそ10万光年の大きさである．2000億個の星を有している（そして確実にそれよりも多くの惑星を持つ）．

超巨大ブラックホールは太陽の400万倍の質量を持つ．

ブラックホール近くを周回する星の速さは，時速数百万kmにも達する．質量が大きい星だと，加速されすぎて（投石機で投げつけられた岩のように）高速で天の川を「飛び出す」可能性がある．

太陽系は銀河中心から2万5000光年のところにあり，天の川銀河内をおよそ時速80万kmで周回している．

銀河中心は星と水素分子が集積していて高密度になっている．

渦の腕ではガスとちりが銀河内の平均値よりも多く存在している．

銀河面は平均しておよそ1000光年の深さがある．CD盤を銀河系のサイズを見立てるならば，CD盤3枚分の厚さになる．

天の川銀河から2万5000光年の長さで両方向に伸びる大きなガンマ線放出の「泡」のイメージ図．超巨大ブラックホールがおよそ1000万年前に星を食べ散らかした跡と考えられている．

銀河系のお隣さん

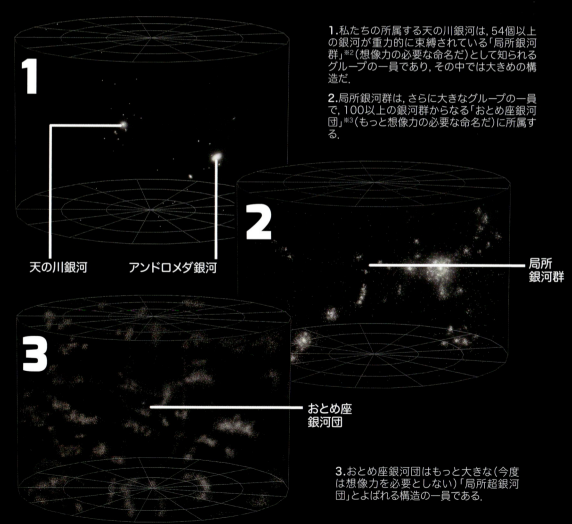

1. 私たちの所属する天の川銀河は，54個以上の銀河が重力的に束縛されている「局所銀河群」[※2]（想像力の必要な命名だ）として知られるグループの一員であり，その中では大きめの構造だ．

2. 局所銀河群は，さらに大きなグループの一員で，100以上の銀河群からなる「おとめ座銀河団」[※3]（もっと想像力の必要な命名だ）に所属する．

3. おとめ座銀河団はもっと大きな（今度は想像力を必要としない）「局所超銀河団」とよばれる構造の一員である．

2 訳注：局所銀河群(local group)の直訳は「地域住民」になる．
3 訳注：おとめ座銀河団(Virgo cluster)の直訳は「乙女の集団」になる．

ビッグバンの大きな指紋

もしズーム・アウトして, 私たちの銀河より遠くの銀河たちの全体構造を観測したら, 奇妙にどこか似たものを見つけるだろう…….

▲ 現在の銀河分布

うえの写真は, 2ミクロン・オール・スカイ・サーベイ（略して2MASS）によるものである. 赤外線領域のスペクトルで見える160万個以上の銀河分布を示している. 銀河群の集中したところがあり, 一方で銀河が少なめのところもあり, 全体がフィラメント状の長いリボンでつないでいる.

もしあなたが, 第一世代の星や原始銀河がダークマターから形成され, ダークマターはビッグバンに生じたエネルギーのゆらぎの種から形成されたことを覚えているなら, ごくわずかな量子ゆらぎの一部のそのまた一部がこの写真のように宇宙に痕跡を残してくれていることに気づくだろう.

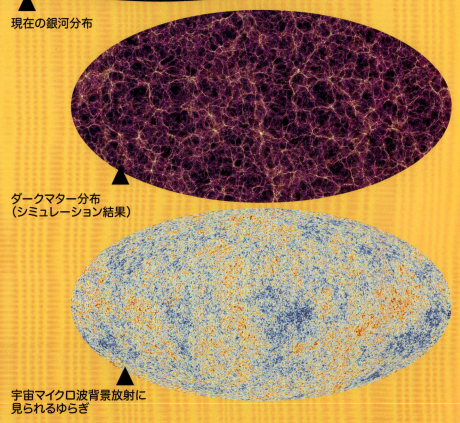

▲ ダークマター分布
（シミュレーション結果）

▲ 宇宙マイクロ波背景放射に見られるゆらぎ

158

さて，腕の良い庭師というのは，いつ手入れをやめて自然に任せるようにしたらよいのかを知っているものだ．私たちにとって，天の川銀河のブラックホール園芸家が，そのような熟練の庭師だったことは幸いだった．ひとたび太陽形成の土壌を整えてくれたあとは，火を吐くのをやめて長い昼寝をしていてくれたのだ．

　この不活動の期間は，およそ40億年前から始まった．ちょうど地球の海に生命が誕生し始めた頃だ．ブラックホールは活動をやめ，ジェットの放射も止まった．もしブラックホールがこの時期を選んで冬眠してくれなかったら，最善の場合でも，地球には高エネルギーの宇宙放射線が降り注ぎ，地球の大気に化学反応を引き起こして，生命の進化を変えるか止めるかしただろう．最悪の場合なら，新たに生じた生命体の細胞を引き裂き，その場ですぐに地球上の生命を死滅させただろう．

　天の川銀河の超巨大ブラックホールが，もしちょうどよい時期に活動をしてくれていなかったら，太陽は形成されなかっただろうし，もしちょうどよい時期に昼寝に入ってくれなかったら，地球の生命は発達せず（もう一度くり返すが）あなたも私も存在しなかった．

　しかし，あなたが天の川銀河の慈悲深いブラックホールに甘い感情を抱く前に忠告しておくが，こうした銀河の野獣たちは決して止まった状態で落ち着いているわけではない．時として野獣はむさぼり食い，宇宙にエネルギーを噴出する．時には，穏やかに食事をし，ゆっくりと質量を集める．そしてそれ以外は冬眠をして，長く長く食事を抜くのである．

　私たちのブラックホールは，今はいびきをかいているらしいが，40億年後には，アンドロメダ銀河が天の川銀河と衝突し，物質に新たな流れをもたらしてくる．そうなれば，野獣は休眠状態から目覚め，あなたはここから逃げ出したいと思うに違いない．

　私たちの星についての話題が出たところで，そろそろ次に話題を変えて，故郷とよんでいる領域に注目してみよう．そう，次につくるのは太陽系だ．

太陽系の料理法

シェフの白帽子をかぶり，宇宙の料理本を開き，「天の川銀河流の母なる太陽系」を料理することにしよう．スパイスの効いた黄色い太陽にバランスのとれた岩石惑星と巨大ガス惑星の組み合わせを添え，隕石のサラダを付け合わせに，原始の氷を美しくリング状に飾るのだ．そして「地球」とサインした皿も配置して，生命が誕生する材料の準備をしておこう．

宙をつくる過程が着々と進んできて，広い土地と菜園がしっかりと準備された．ここからは，もっと身近な材料を使った作業になる．まずは宇宙の台所へと案内しよう．

太陽系から始めよう

　偉大なシェフになる秘訣は準備である．もしあなたが，ポテトをゆでる前に魚を焼き始めたとしたら，魚は焦げ，ポテトは歯ごたえのあるものになってしまう．太陽系の料理でも同じだ．幸い，必要となる準備はすでに終わっている．

材料

　材料としては，重元素がたくさん入った星間ガス雲が必要だ．水素とヘリウムを成分とする雲しかないならば，あと数十億年待たなくてはならない．炭素・酸素・シリコン・鉄などが含まれていて初めてあなたは惑星をつくることができる．

　雲は十分大きくなくてはならない．星形成中の完璧な星雲でさえ信じられないほど密度は薄く，1cm³あたりわずか数個の原子しか含んでいないのだ．だから（十分な数の原子を集めるには）雲の大きさは数千億kmの直径が必要である．

こねて，チェック

　さて，星雲には潰れてもらわないといけない．自分自身の重力で潰れるまで辛抱強く待つしかないが，その時間は（文字通り）永遠のようにも感じられる．もしここであなたがあきらめるなら，138億年の宇宙の歴史のあとでも，天の川銀河にある多くの物質は希薄なガス雲のままだっただろう．私たちの星雲はフライ返しを落としたくらいでは崩壊を始めないのはあきらかである．

見よ，星の台所を

下図：カリーナ星雲．星形成を行っているちり，水素，ヘリウムガスやその他の重元素を含む大きく広がった星間雲である．この星雲は宇宙の台所ともいえ，ガスが潰れて星や惑星をつくることができるところだ．
150光年の大きさで，（すでに形成された星以外に）太陽の14万倍の質量を持つ．

この星形成領域は，コーン星雲とよばれている．全体は円錐（コーン）形をしていて，その大きな星雲の中の先端部分である（この写真の範囲は7光年）．星雲の暗い部分に隠れて，明るい部分では，何ダースもの新しい星が形成されている．上部に見える星は（相対的にいって）やっと雲が晴れわたったところにある．

いやいや，やはりあなたにはガスの尻を思いきり蹴飛ばして，がんばってもらう必要がある．明らかに太陽系の何倍もの大きさに広がるかたまりに作用させようと思うなら，あなたは大きなブーツを用意しなければならない．今の場合は大きな星だ．6章で紹介したように，星が超新星爆発を起こすと，周辺にただよっているガス雲を押し出すが，衝撃波として空間を伝わるうちにガス雲は圧縮を始め，収縮し，新しい星をつくり始めることになる．

シェフの一言：同じ効果を出そうとするのなら，雲のかわりに超巨大ブラックホールからの高エネルギー流出物を使ってもよいでしょう．ただし，ブラックホールはパワフルなので，扱いは経験を積んだ宇宙シェフに必ず任せてください．

　さて，星雲がなんとかして収縮できた，としよう．あなたはこの時点でできた混合物をグルグルかき混ぜたいという衝動に駆られるかもしれないが，まだダメだ．雲が持っていた回転は，収縮するとともに加速されていって，速くなりすぎると星雲は自身の大きな角運動量によって引き裂かれてしまう．
　ゆっくりと回転している雲でさえ，重力崩壊すれば非常に高速で回ることになる．しかしこの回転は悪いものではない．回転によって雲は平らにされてディスク状になり，星が中心に形成されるようになるからだ．
　このプロセスはポーチドエッグのつくり方と同じだ．鍋にお湯を沸かして卵を割って入れると，卵は鍋いっぱいに広がっていく（そして卵白が吹き出してたいへんなことになる）．しかし，初めにお湯を回しておくと，卵は渦の中心に落ち込んでいく（そして完璧なボール状の卵ができて嬉しくなる）．
　ここでようやく材料の品質が問われることになる．もし，あなたが水素とヘリウムだけを含んだ雲を使ってこのレシピにしたがったなら，とてつもなく大きくてとてつもなく高温の星ができ，その後に岩石惑星をつくろうとしてもその前に爆発してしまうだろう（もともと炭素や鉄を含んでいないから岩石惑星をつくることはしょせん無理なのだが）．星雲の段階で正しい元素がすでに入っているならば，10万年もしないうちに（お茶でも一杯飲んでいるあいだに）大きくなりすぎず熱くなりすぎない，ほどよい安定した星ができる．
　重たい元素が豊富な星雲がより小さな星をつくる理由は何だろうか．星形成の鍵を握るのは星雲の収縮であり，星雲の収縮の鍵を握るのは冷却過程である．焼く前によく冷ます必要があるのだ．ガス雲が（まわりの空間に比べて）温かいと，原子は十分な熱エネルギーを持ち得て重力の内向きの力にある程度抵抗できてしまう．冷たい粒子（したがって動きが遅い粒子）は，温かい粒子（動きが速い粒子）より，重力の影響を強く「感じ」るのだ．

これまでにすでに見てきたように, 重元素や分子はひとつの原子よりも熱の放射効率が優れている. そのため星雲は, 重元素を含めば含むほど熱を周囲に放出し冷めていく.

　初期の高温の宇宙では, 重い物質といっても水素分子にすぎず, 雲から形成される星は熱の圧力に十分耐えるための重力を得るには大きくならざるを得なかった. だから第一世代の星たちは, 極端に大きく, 極端に高温で短命だった.

　重元素がたくさんある宇宙では, 圧力に耐えるだけの重力を得るにはそれほど多くの質量を必要としない. すべてがずっと冷めているから, 形成される星も小さめで低温で長寿命になるのである.

焼いて冷ませ

　もしすべて上手くいっていたら, あなたがつくった新しい黄色い星を私たちは太陽 (Sun) とよぶことになる (もしあなたが古代ローマ人であれば, ソル (Sol) とよび, 古代ギリシャ人ならヘリオス (Helios) とよぶのがよいかもしれない). どんな名前をつけるにせよ, 星のまわりには平らで回転しているガスのディスクができていて, それを原始惑星系円盤とよぶ. このディスクを使って岩石惑星や巨大ガス惑星, 巨大氷惑星, 月, 小惑星[※1], 彗星をつくり出し, 私たちの太陽系を完成させよう.

　さて, ガスと分子でできたたった1枚のディスクから, このようなたくさんの種類の天体を, いったいこの地上でどうやって (地上はまだできていなかった) つくることができるのだろうか. ビスケットもパイ生地も魚フライの衣も同じ素材からつくられることと同じように, すべてはどのように天体の材料が準備されたかで決まるのだ. より正確に言い直すと, ど・こ・で材料が準備されたか, だ.

　注意深い読者は, 本書でくり返されているテーマに気づかれるだろう. 小さくて単純な物質が集積し合体して, 大きくて複雑な構造物をつくる——基本粒子が原子になり, 原子が重い原子や分子になる, などなど. 惑星をつくる作業も同じだ. ガス粒子 (小さなもの) から始めて, まとめあげ, 惑星 (大きなもの) にするのだ.

※1 訳注：太陽系を構成する天体は, 大きく (1) 惑星 (planet), (2) 準惑星 (dwarf planet), (3) 太陽系小天体 (small solar system bodies) に分けられる. 小惑星 (asteroid) は (3) に含まれる. 小型惑星 (planetoid) は (2) (3) の総称として時折用いられるが, 日本学術会議が認めた用語ではない.

星雲から太陽系へ

46億年前に集まり始めたちりやガスの雲が, 私たちの太陽系になった. 太陽ができるまでには10万年, 木星のような巨大ガス惑星の形成には1000万年を要した. 岩石惑星ができるまでには1億年が必要だった.

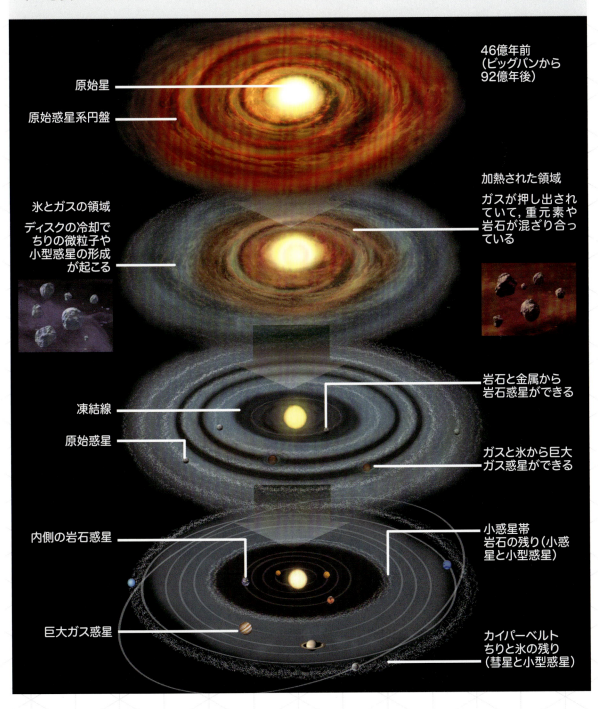

太陽：ごくふつうな私たちの黄色い星

私たちが畏敬の念を抱き，崇拝し，地球のまわりを回っているかどうかを議論していた（そして実際は回っていなかった）太陽．太陽は，地球の生命を育ててくれてきた．そして同じくらいに恐怖にも陥れてきた．私たちは，自分たちの存在を（比較的）安定で長寿命の星に任せきりである．だから，もう少し詳しく知っておいて損はない……．

1. コア
1500万℃

コアは太陽のエンジンルームだ．究極の高温と圧力があり核融合反応を維持するのに十分である（もうご存知でしたね）．

太陽は毎秒400万トンの水素をエネルギーに変換し，その状態を50億年続けている．そして，この燃焼を水素がなくなるまで同じ割合であと50億年続けることになる．

2. 放射ゾーン
200-700万℃

コアからのエネルギーは電磁波の形で放射ゾーンを通過する．

この領域は密度が高く，エネルギーが通過するのに平均して17万年を要すが，エネルギーが太陽を脱出するまでには数百万年かかるのでたいした時間ではない（ビッグバン宇宙の宇宙初期に高密度・高温の状態で光子が経験したのとまったく同じ問題である）．

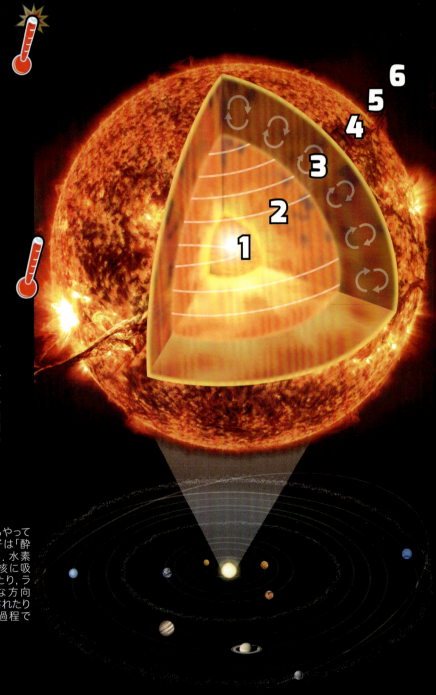

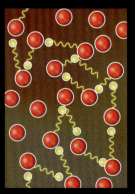

コアからやってくる光子は「酔歩」する．水素の原子核に吸収されたり，ランダムな方向に放出されたりの長い過程である．

3. 対流ゾーン
約200万℃

この乱流領域ではエネルギーを太陽表面へと運んでいく。物質は太陽表面で冷やされ、対流ゾーンの下へ戻っていくが、放射ゾーンで再び加熱されて表面へ向かって再び移動する。

4. 光球
5700℃

太陽表面の可視光による撮像

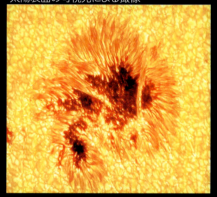

5. 大気
3700-98000℃

光球の外側約500kmの場所で、低い大気は太陽内の最も低温の場所をつくる。これより上部は彩層である。約2000kmの厚さで、この領域での太陽の大気は外側ほど温度上昇し、10万℃に達する。

6. コロナ
100万-1000万℃

コロナは太陽の外側の大気で、太陽全体の体積よりも大きい。温度は外側ほど高く、場所により1000万℃に達する。

同縮尺の地球

猛烈な星

コロナ質量放出（coronal mass ejection：CME）は、太陽系の中で最もパワフルな現象だ。1回のCMEで、100億トンもの電荷を持った粒子（多くは陽子と電子）を500万km四方の広さの宇宙空間に放出できる。

これらの粒子は衝撃波によって光速近くまで加速され、1億5000万km離れた地球までわずか90分しかかからずに到達する。CMEの経路にいるということは、コロナ粒子加速器の前に立っていることと同じで、その影響に注意しなければならない。

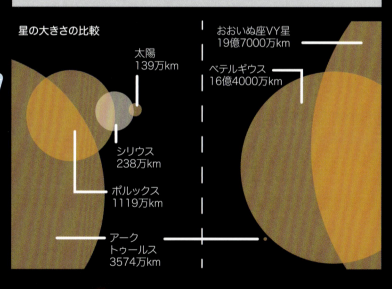

星の大きさの比較

太陽 139万km
シリウス 238万km
ポルックス 1119万km
アークトゥルス 3574万km
おおいぬ座VY星 19億7000万km
ベテルギウス 16億4000万km

太陽の大気が太陽の表面温度より高温になる理由は、科学の大きな謎のひとつである。アルフヴェン波とよばれるプラズマの波が、太陽の磁場を通じてエネルギーを運ぶことが温度上昇の理由だと考えられている。

太陽系のさまざまな天体も，たったひとつの素材から料理することができる．決め手は太陽のオーブンからどのくらい近いか，距離はどうか，ということだ．
　オーブンに近い場所（またはオーブンの最上段といってもいい）にあるガス雲は多くの放射や熱を太陽から受ける．太陽から離れたところにあるガス雲では調理温度も低くなり，時として冷凍状態になる．

コンロの上で

　太陽に近い場所では，水分子が（酸素と水素の原子から）形成されるには熱すぎて，さらに太陽風とよばれる太陽からの高エネルギー粒子の激しい放射もあり，ほとんどの水素分子やヘリウム分子などの軽い元素は，ディスクの外側へ吹き飛ばされてしまう．重たい元素だけが残され，私たちは小さな岩石惑星をつくることになる．地球もそのひとつだ．

チルド室で

　太陽風が強いコンロ領域の境界は凍結線とよばれる場所である．ここではガスや軽元素が内側から押し出されてきている．もちろん重元素もあり，水素や酸素原子が結合できるほど温度が低いため，水が（氷の形で）形成される．
　ここはキッチンのゴミ箱に相当するところで，多量のガスが供給されるため，巨大ガス惑星がこのあたりで形成される．

冷凍庫中で

　太陽からもっと離れると，ディスクはより冷たくなる．巨大ガス惑星の領域を越えると天王星や海王星のような巨大氷惑星がつくられる領域になる．もっと離れるとディスクの密度はさらに低くなるために，小さな氷のかたまりしかつくることができず，彗星やかつて惑星だった冥王星のような小さな氷天体になる．

岩石惑星「地球」の料理法

　意欲満々の宇宙シェフたちは，早速岩石惑星をつくろうと取り組むかもしれない．私たちは岩石惑星に住んでいて，私たちの知る限り，生命が進化できるチャンスを持つのは岩石惑星である．幸い，私たちの惑星料理教室も岩石惑星をつくる練習から始めることになっている．

　さて，それではどうすれば，ガスや元素がつくる回転ディスクから惑星をつくることができるだろうか？

小さな，とてもとても小さなものから始めよう

　もしあなたが，巨大な惑星破壊用ハンマー（あるいは知らない人もいるかもしれないが，スター・ウォーズに出てくるダース・ベイダーのデス・スター）を借りて，それで岩石惑星を壊すことができるなら，大きな岩石の山をつくり出すことができるだろう．その岩石のひとつを砕けば，もう少し小さな岩をつくり出せて，それをくり返せば，小さな岩や砂利になる．小さな岩を粉砕すれば，ちりの山をつくることができるだろう．さらに粉砕を続けると，あなたはいくつかの化学元素やそれらの混合物の山を得る．もっと粉砕すると原子に，さらに素粒子に……ちょっと行きすぎた．

　この一連のプロセスを録画して逆回りに見てみると，あなたは，原子からちりをつくり，ちりから石をつくり，小さな岩から大きな岩をつくり，そしてついに大きな岩からひとつの惑星が現れる．これが惑星のつくり方だ．

　重力が離れた元素を引力で合体させて銀河系や星を形成したように，ここでもまた，重力が惑星形成を進行させる基本的な力として主役になるようだ．しかし多くの部分でそれは正しいが，惑星形成のちり形成の肝心な部分では，電磁気力のほうが（いわば）ボールを転がす主役になる．

　原始惑星系円盤を構成している多量の原子の中で，どの原子もどの分子も他の原子を引き寄せるほどの大きな重力は持っていない．道端の福音伝道者が道行く人の注意を引こうとしても，雑踏の中でささやいただけでは，誰にも聞こえはしない．だが，もし彼が道行く人へ（肩をたたいて，耳元でささやくなど）一度メッセージを伝えることができたなら，そのメッセージは人から人へと伝わり，いずれは群衆すべての注意を引くことができるだろう．

174ページに続く

ガスからガスへ ちりからちりへ
ばらばらな原子を惑星にするレシピはなんだった？

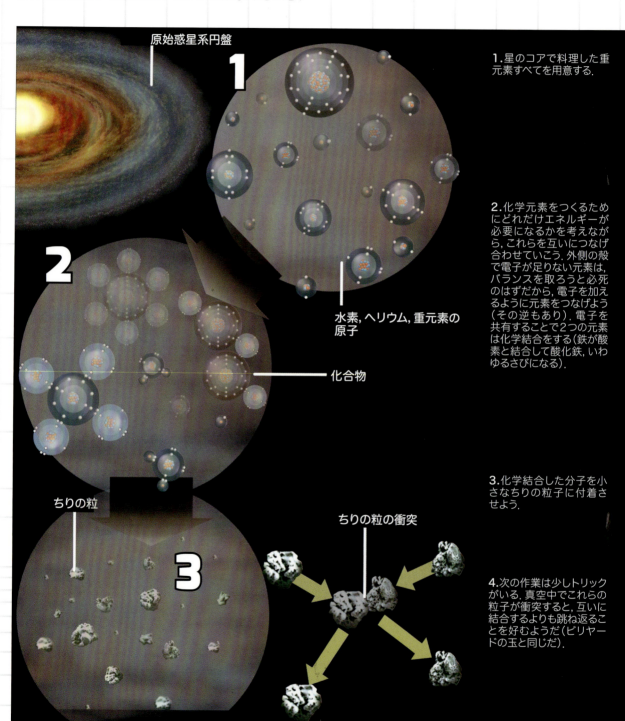

1. 星のコアで料理した重元素すべてを用意する.

2. 化学元素をつくるためにどれだけエネルギーが必要になるかを考えながら, これらを互いにつなげ合わせていこう. 外側の殻で電子が足りない元素は, バランスを取ろうと必死のはずだから, 電子を加えるように元素をつなげよう (その逆もあり). 電子を共有することで2つの元素は化学結合をする (鉄が酸素と結合して酸化鉄, いわゆるさびになる).

3. 化学結合した分子を小さなちりの粒子に付着させよう.

4. 次の作業は少しトリックがいる. 真空中でこれらの粒子が衝突すると, 互いに結合するよりも跳ね返ることを好むようだ (ビリヤードの玉と同じだ).

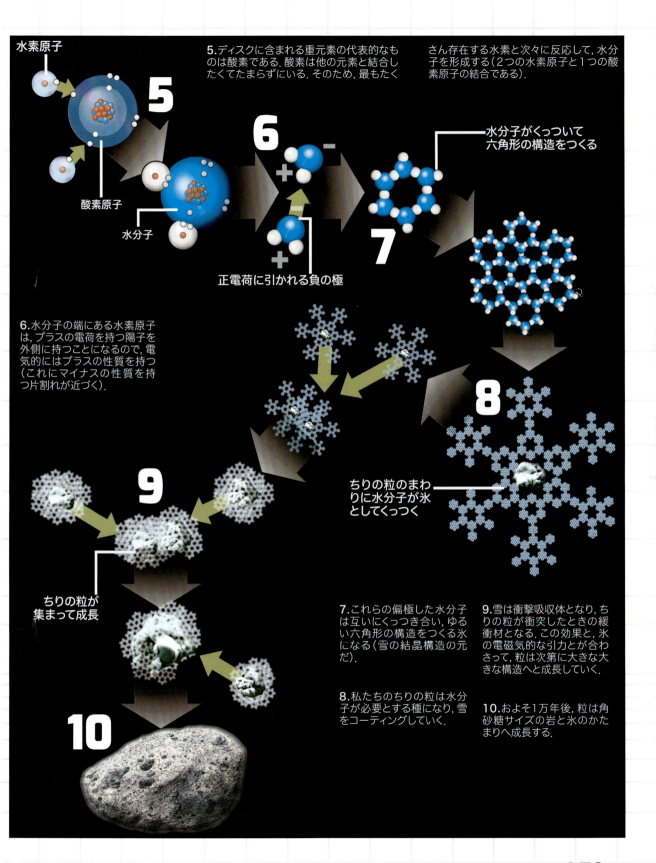

電磁気力は, この方法によって原始惑星系ガスにある多くの原子からちりの粒をつくる. よい条件のもとでは, 原子や分子は互いにくっつこうとする. いくつかは外側に電子を多く持ちすぎていて, 逆に少なすぎるものもいる. 原子はすぐにバランスや安定を求めるように振るまう生き物なので, 電気的な偏りがあると, 外側の電子をくっつけたり離したりしてバランスをとろうとする. 水素原子が酸素原子と相性がよい（水をつくる）理由は, 酸素が外側の殻に2組の電子ペアと2組の単独電子を持っているからだ. 酸素は外側の殻に4つの電子ペアを持たせたいと考える. そこで単独電子を1つ持つ水素原子を2つよび寄せて電子を共有するのだ. この状況を次のようにも説明できる. 電磁気力は（酸素のように）ちょっぴり負の電荷を持つ原子を（水素のように）ちょっぴり正の電荷を持つ原子と「くっつける」のだ.

岩を丸めて（ロックをロールして）岩石惑星をつくる

もしあなたが, 小さな2つの岩をギュッと握りつぶして大きな1つの岩にしてくれたなら（当然, みんながまだできていないときに, の話だが）, こんな難しいことをしてくれるなんて, と, あなたは喝采をあびることだろう. 驚かないでほしいが, 地球サイズの惑星をつくるには, 太陽サイズの星をつくるよりも1000倍もの長い時間を必要とする.

1. センチメートル程度の石と氷のかたまりを合わせてくっつける.

2. はじめはゆるくくっついた泥のようなかたまりになるが, 質量が増えるにつれて, ギュッと結ばれて, 硬いかたまりになっていく.

微惑星

電磁気力による接着によって，銀河をつくり上げたあとには文句ばかりをいわれていたちりが，惑星づくりの確実な第一歩を踏み出す．それでもあなたは，これらのちりが，タバコの煙ほどの細かな微粒子以上の大きさにはならないだろうと考えて，重要ではないと思うかもしれない．しかし，大事なのは，ちりも積もれば惑星になるということだ……これがちりの山から得られる教訓である．

3. 直径がキロメートル程度になると，重力だけで互いに引力をおよぼすことができるほどの質量になり，微惑星とよばれるようになる．

4. 重力による引力が大きくなると，互いに引き寄せ合う物体も大きくなり，衝突するときのエネルギーも大きくなる．これらの合体では，時として微惑星が壊されて小さな破片に分解することもあるが，次第に大きくなると，とてつもない衝突の場合を除いて，小さな破片もすべて吸い寄せるほどになる．

5. 衝突のエネルギーは，大きな摩擦熱を発生させる．かたまりが原始惑星とよべるほどの大きさになる頃には，摩擦力に加えて，さらに重力エネルギーが転化する熱も加わって惑星の内部は融け始める．これは自身の重力で圧縮された内側のかたまりが潰れて重力エネルギーを解放することが原因だ．一人前の惑星サイズになる頃には，私たちのベビー惑星は内側がダイナミックに溶融している状態になる．

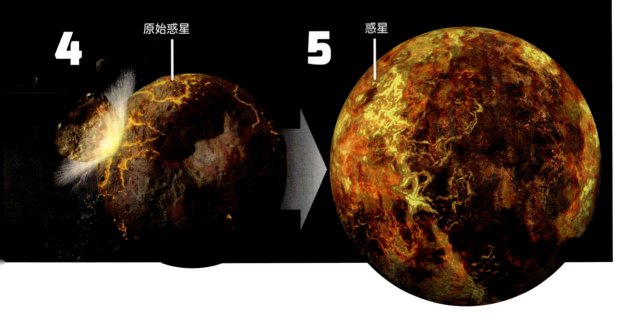

磁力の魅力

　次の仕事はもちろん，小さな小さなちりのピースをすべてくっつけていく作業だが，これはあなたが思っているほど簡単ではない．まず，まだこれらは小さすぎて重力の影響をまわりにおよぼせない．そのためにディスクから物質を引っ張ってきて，自分自身にはめ込もうとしても無理だ．実際にこれらは，できたての星のまわりを飛び回るときにランダムに衝突する過程に頼るほかない．しかもそこで，第2の問題が発生する．

　微小なちりの粒が真空中で衝突すると，それらはくっつくのではなく，跳ね返って飛び去ることのほうが多い．今いちど，電磁気力[※2]に助けてもらうことにしよう．

　ここまでのところ，原始惑星系円盤の中で最も多く存在する元素は，水素である．そして最も多い金属（天文学者たちは，ヘリウムよりも重い元素のことを「金属」とよぶ）は酸素である．これらのあいだの結合を促すと，ちりの粒のあいだを多量の水が浮遊するようになる．液体の水ではなく，バラバラの水分子，すなわち水蒸気の形態である．

　これらの自由に浮遊する水分子は，ミクロンサイズのちりの粒に近づき，ちりの粒の表面に付着していくが，ほとんど真空の宇宙では氷となる．水分子は構造上，片側は電気的にはプラス，反対側はマイナスの性質を持っているから，他の水分子と結合して六角形の構造を持つ．いい換えると，これらは雪の結晶のように凝縮する．

　これらの電気的な性質を持った水分子が一列に並ぶと，ちりの粒子は電気的に分極し，小さな棒磁石のようになる．他のちり粒子と出会うときには，磁気的に異なる極の棒としてくっつき合う．雪の結晶はふわふわ状態をつくるという性質もある．このため，ちり粒子は雪をまわりにまとうと，外側のふわふわ部分が緩衝材としてはたらき，ちりどうしが衝突したとしても，雪のクッションがその衝撃をやわらげ，粒子が互いに「跳ね返って」しまうのを防ぐことになる．

　このようにして，1万年ほどが経過すると，ミクロンサイズのちり粒子は，角砂糖サイズの小石のかたまりになる．喜びをもって惑星の種とよぶことにしよう．

　もちろんこの方法には明らかな問題点がある．このメカニズムがはたらくのはディスクの凍結線より外側の部分だけだ．凍結線とは，水をつくるのに必要な水素と酸素が存在して，かつ凝縮できる限界である．しかし私たちがつくりたい岩石惑星は円盤の凍結線より「熱い側」にある．どうすればよいだろうか．

　この謎には3つの解決法がある．ひとつ目は，惑星の種が凍結線の外側でつくられ，質量を持ったあとで内側へ移動してくる，という方法だ．2つ目は上記のプロセスがケイ酸塩を使って凍結線の内側で発生する，という方法である．ケイ酸塩（ケイ素と酸素か

※2　訳注：ここでは技術的に，電磁気学の静電気力を考える．異なる（同じ）電荷を帯びた物体間には引力（斥力）がはたらく，という力である．

らできていて,地球のような岩石惑星すべての基本的な物質である)が衝撃吸収の役割を担ってくれる.3つ目はもっと過激な考えで,惑星自体が太陽と同時期にガスの収縮でつくられる,というものだ.このシナリオでは,太陽が惑星系円盤を点火してその成長をコントロールする以前から岩石惑星が形成されていたことになる.岩石惑星が現在の場所にある理由は,その周囲のまだ降着していないガスが,太陽の点火によって発生した放射の突風によって,ディスクの外側へ吹き飛ばされたからだ,ということになる.

いずれにせよ,できた小石が十分な質量を持てば,惑星の種は,互いに重力的に引き合い,次第に大きな惑星の胚芽となっていく.

しかし,これは一晩で完了する話ではない.物質間で重力が作用するようになるまでには,キロメートルサイズの岩に成長することが必要で,これには10万年ほどかかり,満足のいくサイズになるまで,あなたはどこかで1000万年から1億年のあいだ,待ち続けることになるだろう.長い時間に思えるかもしれないが,1g程度のちり粒子の細かな破片を広い場所から集めてきて,それを1兆×6兆kg単位の地球サイズの惑星に成長させることを思えば,ずいぶんと早くすむものだと考えられる(そうだとしても,待っているあいだに読むべき本を探さないと……).

あなたの惑星を飾りつけよう

さて私たちはたくさんの時間を使って岩石惑星を手にしたので,あなたは次に大気や海で飾りつけをしたくなっていると思う.しかし,始める前に次のことを考えなければいけない.

もし惑星が太陽に近すぎたとしたら,惑星の表面にある大気は,プラズマの放射でできた強い太陽風で吹き飛ばされてしまう.砂吹き機でペンキがはがれるように,だ.太陽の溶鉱炉に近すぎた惑星は表面が焼かれ,日中は数千℃まで上昇する.逆に夜間は断熱材となる大気がなければ熱は宇宙空間へ流出して表面温度は零下に急降下することだろう.

もし惑星が小さすぎれば,大気を留めておくのに十分な重力がないため,砂吹き機がなかったとしても大気は宇宙空間へ飛び出していく.

それでは，ガスや水が追い出されてしまったディスクの領域でできた惑星の上に，いったいどうやったら気体の大気と液体の海をのせることができるのだろうか？　そうだな……ディスクの外側の冷たい領域でできた小さな「種」が次から次へと内側へ移動してきて，それを元に岩石惑星に成長したとしたらどうだろう．あなたの惑星に大気をつくる頃までには，汚れた氷のかたまり（彗星）や氷まみれの岩（小惑星）はすでに外側の円盤でつくられていて，いたるところに飛んでいただろう．ただ，それまでは惑星建設現場には届けられていなかっただけだ．

　いくつかの「かたまり」は衝突などによって太陽系の内側へ落ち込んでくるだろう．その他にも大きな重力源によって内側へ飛ばされてくるものがあるだろう．どちらにしろ，太陽系が生まれてから初めの数億年間に，多くの氷のかたまりが私たちのベビー惑星へ打ち込まれてきたのだ．

　運ばれてきた氷と凍ったガスは，惑星の表面に蓄積されて液体の水となって海になり，そして大気に酸素を供給することになる．

コアの中味をとろっとさせる方法

　みんな，中心が温かくてねばねばした温泉玉子風の惑星がお好みだろう．コアの部分がダイナミックに溶融している惑星では，磁力線がつくられ，磁力線は太陽の放射線攻撃から惑星を守るとともに，大陸移動のような地質学上の動的なプロセスも可能にする．幸い，惑星形成の激しい過程の副産物として，溶融した惑星のコアは自然にでき上がる．問題は，あなたの惑星がその内なる熱を保てるほど十分に大きいかどうか，だ．

　時計の針を数千万年巻き戻して，まだ私たちの惑星がごつごつした岩だった時代へ戻ろう．このとき，私たちは岩どうしをぶつけ合って惑星の種を大きく育てていたが，ここでは衝突によって多くの熱も生じていたことを思い出そう．これは岩が宇宙空間を飛んでくるときに大きな運動エネルギーを持っていて，衝突とともに運動エネルギーは熱に変換されたためだ．物体が大きければ大きいほど衝突は激しく，たくさんの熱が解放される．

サイズが問題

火星には，かつては溶融したコアが存在した証拠がある．しかし，地球の半分の大きさしかない星であるために，コアの熱を「断熱」して保っておくことができず，熱は宇宙空間へ逃げ出してしまった．

地球はどのようにしてコアをつくったか

地球にある金属のコアは，熱源であるとともに磁気ダイナモ（磁気発生装置）であり，地球を活気づけ，保護してくれている．しかし，どうしたら熱い岩のかたまりからダイナミックな金属コアをつくり出すことができるだろうか．ここで再び私たちは重力に感謝することになる……．

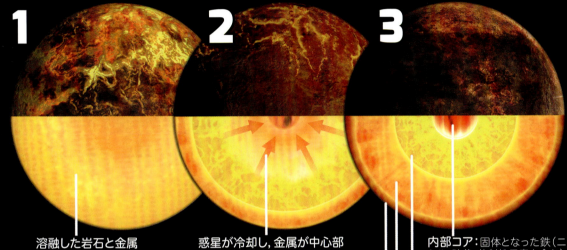

1 溶融した岩石と金属の球体

2 惑星が冷却し，金属が中心部部分に沈殿する

3 内部コア：固体となった鉄（ニッケル，硫黄，放射性元素を含む）のボール．直径およそ2400km（月の大きさとほぼ同じ）．

外部コア：液体状の鉄とニッケルと硫黄のボール．直径およそ6800km（火星の大きさとほぼ同じ）．

マントル：固体の岩石および半溶融，溶融状態の岩石の混合部分で，厚さはおよそ2900km．

地殻：地球の岩石表面はわずか8-40kmの厚さで，質量比は惑星全体の1％しかない．

1. 岩と微惑星のかたまりが合体すると，多くの摩擦熱が発生する．原始地球はおそらく溶融した岩の大きなボール状態だっただろう．今の大きさになる頃までには岩に含まれていたすべての金属が溶け出すのに十分な熱を持っていたと考えられる．

2. 溶融した金属（とくに鉄）は周囲の溶けた岩よりも密度が高いため，重力によって惑星の中心へ向かって沈んでいく．中心にたどり着いた金属は，超高圧のため，熱が高いにもかかわらず結晶化する．つまり，中心部に固体の鉄の内部コアと溶融した金属が渦を巻きながら取り巻く外部コアがつくられる．

3. 高密度金属コアの上部には，それより密度の低い溶けた岩石の流れがあり，惑星が数百万年かけてゆっくり冷却したのちには固体の岩石として薄い殻をつくることになる．

コアの成分はどのようにしてわかるのか？

地震は破壊的なものだが，地球の内部構造を見せてくれる唯一の手段を提供する．科学者たちは，震源から広がる地震波の伝わり方を測定することができる．

地震波には固体の表面（液体や気体との境界）を伝わる表面波と，液体と固体を伝わることができる高速のP波と，固体のみを伝わることができるS波がある．

どちらの波がいつ到着したのかをみることで，科学者はどのような物質が地球内部にあるのかを調べることができるのだ．

地震の震源

S波（黄色矢印）は液体の外側コアで停止する．

P波（黒色矢印）は液体コアを伝わるが速度を変えて回折する．

太陽系の料理法

地球サイズの星になる頃までには, 惑星は多くのエネルギーを集め, 溶けた岩石で覆われた大きな球体になっている. このマグマのボールの内側は非常に高温で, 岩石の中に閉じ込められていた鉄を初めとする金属が溶け出す. すると, 金属原子は周囲の岩石よりも重いため, 重力によって惑星の中心へ沈んでいき, 数百万年かけて, 鉄 (少量のニッケルと硫黄を含む) が中央へ集積する. そして, 最も中心部では物質の重力が加わって非常に高圧力になるために, 鉄は再び固体に戻る. こうして固体の鉄からなる内部コアができ上がる.

溶融した鉄の外部コアは固体を取り囲んで渦を巻き, 巨大な発電機 (ダイナモ) として電流を発生させる. 電流がコアを取り巻いて回転するため, 強力な磁場が生じ, 磁力線は惑星の極方向から外側へ飛び出す.

最終的にはコアの周囲で溶融していた岩石は外側の殻の部分が冷却し, 薄い固体の岩石層をつくる (ライス・プディングをボールで冷やすと表面に薄い膜が張るのと同じだ). 海流がこの薄い固体化した岩石を集めて陸地とし, そこへいつの日か生命が誕生する. 溶融・ダイナモ効果で地球には地磁気が生じていて, この磁場が太陽からの殺人放射線から地球を守るとともに, 大気が宇宙空間へと逃げ出すことを防いでくれる.

これらの一連の地質学的な活動により, 私たちの若い地球がみにくい火山で覆われてしまうのは残念な副産物だ (10代の若者のにきび顔で悩むのと似ていなくもない). しかし怖れることはない. 火山活動は (完全になくなることはないが) あと数十億年もすれば静まることだろう.

火山活動は多量の揮発性ガス (と岩石から排出された水蒸気) を放出し, それらは二酸化炭素を含む大気をつくり出

コアをホカホカに保つ方法

惑星を熱々に保っておくのはいつも頭が痛い問題だ. 周囲が非常に冷たい空間なので, 結局のところ, すぐに冷めて冷たくなり, 固体の岩や金属のかたまりになって終わってしまう. それでは, どうしたら地球のような惑星を「冷たくなる」ことから守れるだろうか？

あなたは重たい星の最後の爆発的な断末魔で, 非常に重い放射性元素がつくられたことを覚えているだろうか？ ここではそれらを使おう.

ウランのような放射性元素が崩壊すると (アルファ粒子を放出して自分を少し軽い元素に変える反応だ), エネルギーが解放される. 宇宙の中では非常にわずかな量の反応であったとしても, 地球にとっては長く続くエネルギー源として有効にはたらいてくれるのだ. 原子力発電所がコアをホカホカでおいしい状態に保ってくれるのである.

184ページに続く➡

ダイナモ効果

私たちを保護してくれている磁場なしでは,地球は火星のように不毛の砂漠になってしまっただろう.幸い,溶融したコアは完璧な磁場をつくってくれている.

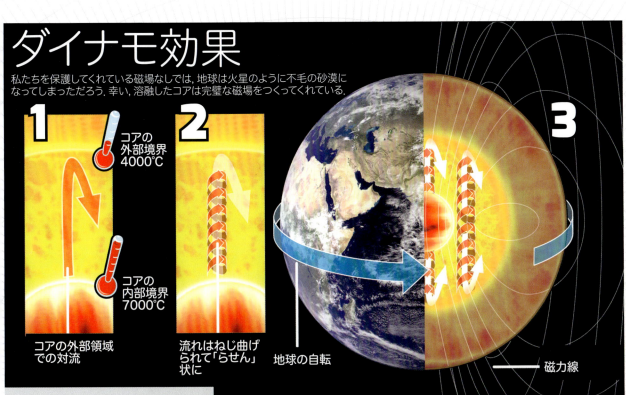

1 コアの外部境界 4000℃ / コアの内部境界 7000℃
コアの外部領域での対流

2 流れはねじ曲げられて「らせん」状に

3 地球の自転 / 磁力線

1. 外部コアは大釜に入った溶融した金属をかき回している状態だが,内部コアに比べて比較的冷めている.そのため,内部コアに近いところでは温度が高く,マントルに近い外側では温度が低い.したがって対流が発生し,内部コア近くの深いところから熱い物体は上昇し,冷却され,そして再び沈む運動をくり返す.

2. 地球は自転しているので,地球内部のすべての流体も回転している.(コリオリの力として知られる)回転力が流体の運動を「らせん」状に変え,それらは地球の自転軸に沿った方向に揃う.

3. 電流は柱を巻きながら発生し,発電機のワイヤのコイルのように振るまう.そして電流の流れは電磁石となって磁場を発生させる(超大の棒磁石がつながったような状態になる).

4. 磁場は宇宙空間に伸び,磁気圏とよばれる磁場の泡をつくる.磁気圏は太陽風という太陽からの高エネルギー放射線が地球に被害を与えるのをそらすはたらきをする.

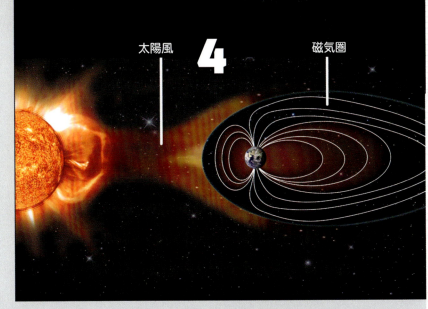

4 太陽風 / 磁気圏

おそらく初期の火星は地球とは異なる大気を持っていたと考えられているが,火星は小さかったために磁場を持ち続けることができず,その大気は太陽風の砂嵐効果で失われてしまった.

太陽系の料理法

惑星のなりそこない

すべての微惑星が原始惑星へと進化するわけではなく,いくつかは材料不足で止まってしまう.「ほとんど惑星」で止まってしまったものも,きちんと進化できた兄弟たちと一緒に太陽のまわりを引っ張られて公転する.月（衛星）はその類いのものだ.（火星と木星のあいだにある小惑星帯のベスタのような）小惑星や,（同じく小惑星帯にあるケレスのような）準惑星になるものもある.

ベスタの表面には深さ5kmの雨どいのベルトのような傷跡がある.この傷跡は,別の天体と接してできた地溝と考えられている.

地溝ができるためには,天体が溶融した層を内側に持っていることが必要で,このことからベスタはチャンスさえあれば火星や地球のような岩石惑星に成長できうることを示している.

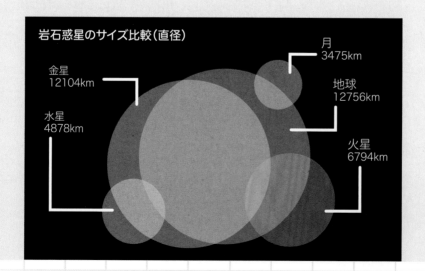

岩石惑星のサイズ比較（直径）
金星 12104km
月 3475km
地球 12756km
水星 4878km
火星 6794km

月のつくり方

多くの惑星は,小惑星や小型惑星を捕えることによって月(衛星)を手に入れているが,地球の月は周回する破片を集めてできたもので,外傷治療の結果ともいえる.

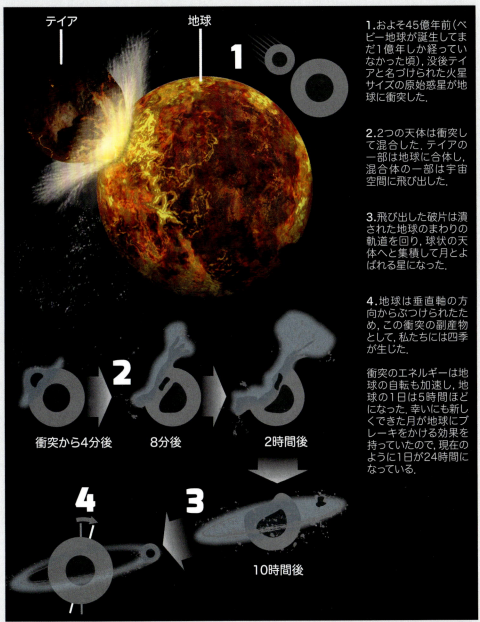

1. およそ45億年前(ベビー地球が誕生してまだ1億年しか経っていなかった頃),没後テイアと名づけられた火星サイズの原始惑星が地球に衝突した.

2. 2つの天体は衝突して混合した.テイアの一部は地球に合体し,混合体の一部は宇宙空間に飛び出した.

3. 飛び出した破片は潰された地球のまわりの軌道を回り,球状の天体へと集積して月とよばれる星になった.

4. 地球は垂直軸の方向からぶつけられたため,この衝突の副産物として,私たちには四季が生じた.

衝突のエネルギーは地球の自転も加速し,地球の1日は5時間ほどになった.幸いにも新しくできた月が地球にブレーキをかける効果を持っていたので,現在のように1日が24時間になっている.

この説の修正版となる理論も最近提案されている.月は,ほとんど同じサイズの(火星の5倍程度の大きさの)2つの惑星が衝突してできた,とするものだ.
あなたがどちらを好むにしろ確実なのは,月の誕生はとても激しいものだった,という事実だ.

す．もしあなたが大気中に酸素をたくさん欲しければ，光合成を行うバクテリアを海に繁殖させる必要がある．大気中の二酸化炭素を吸収して，水中の水素と結合させて酸素を放出するプロセスだが，これはそれまでに海ができ上がっていないと無理で，実現するのは惑星がもう少し冷却する2億年後になる．生命の営みが始まって，あなたが生まれるようになる地球が準備できたら，この話を続けよう．

木星の料理法

　巨大ガス惑星の製作と聞くと，けっこう身構えてしまう．というのは木星サイズの惑星は地球の体積の1300倍もあるからだ．だが，実際には岩石の世界をつくるのとそうたいして違わない．どの場所でつくるか，という違いだけである．

　はじめの準備の段階は，地球をつくったときとまったく同じだ．地球は凍結線を越えたところで惑星の種をつくった．地球の場合は，そのあと岩石惑星形成ゾーンである温かい場所へ移動したが，今回は水素やヘリウムのガスが豊富な凍結線の外側にそのままとどまっていればよい．

　原始惑星が公転軌道を進むと，その重力でガスを集める．星は自転しているので，ガスは自転軸上に巻きついていく．あたかも綿あめ製造マシンで棒をクルクル回すようなものだ．最終的に惑星は，集めることのできるすべてのガスを吸い上げていき，惑星形成円盤の中を掃除機が通ったように跡を残していく．もともとの岩石は7万kmにおよぶガスの下に埋葬されてしまう．

　こうしてコアのまわりに多量のガス（90％は水素，10％はヘリウム）が積み重なるため，その圧力は計り知れないものになり，ガスとは思えない特徴をも示すことになる．コアのまわりでは水素ガスは押し潰され，金属液体のスープへと凝縮される．4万km以上の深さの電荷を持った海が渦巻き，それらが惑星の高速回転と結びついて地球の2万倍もの強さの磁場をつくり出す．

　深くなるとともに圧力は増し，温度も上がる．金属水素の層に達すると1万℃になり，さらに深いコアの表面では3万6000℃もの温度になっている（太陽表面の温度の約7倍である）．

巨大ガス惑星の成分

巨大ガス惑星の形成時は，早い者勝ちで物事が決まる．初めに形成された木星は，水素とヘリウムのガスに関してはライオン級の取り分だ．残りは土星がたいらげた．遅れて形成された天王星と海王星は，食べ残しで間に合わせなければならなかった……．

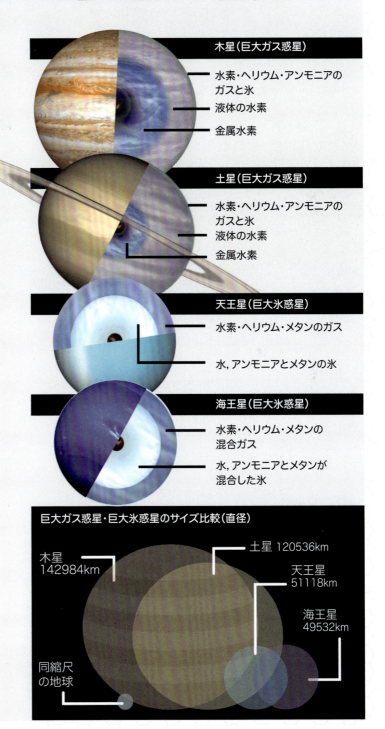

木星（巨大ガス惑星）
- 水素・ヘリウム・アンモニアのガスと氷
- 液体の水素
- 金属水素

土星（巨大ガス惑星）
- 水素・ヘリウム・アンモニアのガスと氷
- 液体の水素
- 金属水素

天王星（巨大氷惑星）
- 水素・ヘリウム・メタンのガス
- 水，アンモニアとメタンの氷

海王星（巨大氷惑星）
- 水素・ヘリウム・メタンの混合ガス
- 水，アンモニアとメタンが混合した氷

巨大ガス惑星・巨大氷惑星のサイズ比較（直径）

木星 142984km
土星 120536km
天王星 51118km
海王星 49532km
同縮尺の地球

巨大ガス惑星のつくり方

巨大ガス惑星は岩石惑星の成長を妨げたものだが，つくる時間はずっと短くてすむ．必要とされるのは適度な大きさの岩石型小型惑星だ．そして，たくさんの（もっとたくさんの）水素とヘリウムのガス，それに1000万年ほどの時間……．

1 岩石型小型惑星

原始惑星系円盤のガス
（ほとんど水素とヘリウム）

2 コアのまわりにガスがたまる

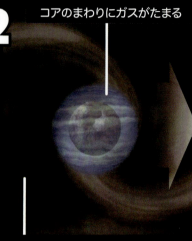

ガスが岩石のコアに降着する

軌道上の物質は吸い取られる

1. 宇宙をただよう岩が集まって小型惑星とよばれるほどの質量になると，そのまわりに大きな重力の影響が生じてくる．とくに取り巻くガスに対しての影響が大きい．

2. 小型惑星が公転軌道を動くにつれて，周囲のガスが集まり，小型惑星は水素の衣をまとう．

3. 岩よりもガスのほうが多い状態になると，小型惑星自身は「コア」の役割から降格する（強欲であることは7つの罪源のうちの3つ目だ）．

4. ベビー巨大ガス惑星にさらに質量が蓄積すればするほど，ガスやちりをすばやく飲み込み，数百万年のうちに，周囲のものをすべて飲み込んで成長が止まる．

5. ガス自体はそれほど重いものではないが，大量に存在するので惑星自身はとても質量が大きくなる．木星は十分に質量があるため，外側の層でのみ水素はガスの状態でいられる．

6. ここより先は，増加した圧力が水素原子を圧縮して，ガス状態から液体状態に変化する．

7. 液体水素の下方3万kmの範囲に葬られた場所では，圧力が非常に高く，空間は原子によってぎっしり埋めつくされている．電子の軌道はほとんど押し込まれていて，原子核である陽子に近い．そのため，電子は自分がどの原子核のまわりを回っているのか区別がつかずに，あちこちの原子を飛び回る．この電子の運動は電流を生じさせる．電流を流す性質があるものを通常金属とよぶため，このような状態の水素のことを「金属」水素とよぶ．

8. 高速に回転する惑星の中で電流は渦を巻き，磁場を生じさせる．

9. 木星サイズの巨大ガス惑星でつくられた磁場は，地球で生じた磁場よりも2万倍も強く，宇宙空間に磁場を描くと1億km先の土星の軌道に届く大きさになる．

巨大ガス惑星は，天の川銀河系ではたくさん存在する．

最も質量の大きなもののひとつ，HAT-P-2bは，370光年先にあり，木星の8倍の質量を有している（地球の質量の2500倍だ）．

もうひとつのレシピ

　惑星形成に関する謎は尽きない．ここでは，巨大ガス惑星をつくる別の理論的方法について紹介しておこう．何人かの宇宙シェフ（あるいは宇宙物理学者として知られる人々）は，上で述べたボトム・アップ説（はじめに小さな岩石コアがあり，ガスが集積した）による形成よりも，トップ・ダウン説による形成を信じている．重力不安定モデルとよばれるものだ．

　そう信じる理由は，計算してみると，木星サイズの巨大ガス惑星をボトム・アップ説でつくるには，とても長い時間がかかってしまうからだ．そのかわりに，研究者たちは，原始惑星系円盤のガス状の部分が直接自己重力で収縮したという説を考えている．星形成のミニチュア版のようなものだ．

　この方法の利点は，木星サイズの巨大ガス惑星をすぐにつくれてしまうことだ．しかも，先の方法ではセンチメートル立方の原始惑星の粒をつくるのにかかる時間と同じ程度での時間ですむ．欠点は，巨大ガス惑星の成分が観測と一致しないことと，もっと悪いのは，もし木星サイズの惑星形成が，惑星形成の歴史の中でそれほど速いとすれば，生まれたばかりの太陽のもとへ引き寄せられてしまうおそれが増えてしまうことだ．

　木星のレシピとして，あなたがどちらの調理法を取るにせよ確かなのは，円盤のガスを大量に使い切ってしまって，残りの星にはほとんど残さないということだ．土星サイズの惑星を料理し終われば，もはやほとんど何も残らなくなる．

　もしあなたがこの他にも惑星をつくろうと考えるなら，残された材料だけでどうにかしなければならない．氷と，水素・ヘリウム・重元素のわずかな残りだ．それでもこれらの「冷蔵庫の食べ残し」（笑）でいくつかの巨大氷惑星（天王星や海王星など）をつくることができる．

食べ残し

　こうして惑星形成の円盤の大部分が惑星たちに食べられてしまった後でも，その食卓にはまだたくさんのものが残されている．クリスマスのビッグ・ディナーの1週間後に，冷たくなった七面鳥を食べなければならなくなった家族のように，太陽系は食べ残しを譲ってくれる．巨大な岩石天体は惑星に捕獲されたり，重力に捕まって衛星として余生を過ごしたりする．また一方，小天体として太陽系を大きなループ軌道を描いて周回することになる輩も多い．離れたところでは，巨大氷惑星になり損ねた氷天体が彗星となって惑星間空間を行き来するようになったり，太陽系を取り巻くような巨大なリングの一部を岩石と氷の破片で構成したりする．後者はカイパーベルトとして知られるものだ．

食べ残しの中でも不幸な天体は，太陽の重力圏がギリギリおよぶ，はるか彼方へ追放され，広く散らばった氷の雲になる．これはオールトの雲として知られている．

生命を料理する

　最後の仕上げとしてふつう，シェフが考えるのは，でき上がった惑星の上にかわいい小さな動物の群れをトッピングすることだろう．しかし，宇宙キッチンでは，生命体は間違いなく惑星シェフの最高難度といえるものだ．非常によくできた惑星しか生命に適していないのだ（やや傲慢な人為起源学的な視点だが）．

　どのようにして地球上に生命が誕生したのかは，宇宙の偉大なミステリーの中でも，最も物議をかもし，ほとんど理解されていないもののひとつだ．いちばん簡単な方法は，人類のたくさんの神様たちをよび寄せて「彼」とか「彼女」とか「彼ら」と崇め，宇宙サイクルのとある1日に彼らの超自然的な指でパチンと音をたててもらって，何もないところから生き物をよび寄せることだ．しかし，私たちがそのような近道をとることは，この本をゴミ箱へ投げ捨てて，代わりにすべての章を「これは『彼』（あるいは『彼女』か『彼ら』）がそうしたいと考えたから存在したのです」と書き換えるようなものだ．

　そういうわけで，再び問おう．どのようにして生命は混沌とした新しい地球上に自然に出現したのだろうか．短く答えるならば，「わかりません」，となる．長い答えが許されるなら，1冊の本が必要だ．だから，不満足ながら省略したバージョンでなんとかすませることにする．

太陽の最期……

太陽は50億年後には水素燃料が枯渇し始め, 259倍に膨れ上がって赤色巨星になる. 太陽は内側の岩石惑星を飲み込み, 今から75億年後には地球も焼却処分される.

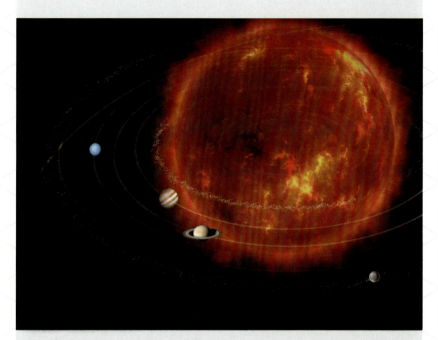

もし慰めがあるのなら, 地球上の生命体は, 太陽に飲み込まれるはるか以前に死滅しているだろうということだ. 次の何十億年にもわたって私たちの太陽は, 次第に熱く明るくなっていく.

太陽の放射が強くなると地球の海は蒸発し, 焦がされた不毛の砂漠になるだろう. 最後には, 高温によって地球は岩石が溶融した球に再び戻ることになる.

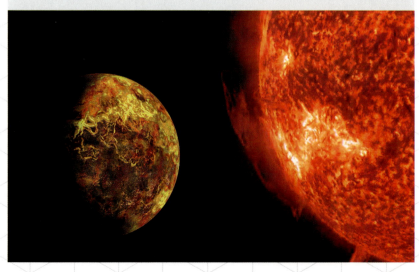

生命は「星の子」なのだ

　生命体の積み木をどのように組み立てるのか，という方法には神秘的なところはひとつもない．この本で紹介してきた他の手法とまったく同じだ．ビッグバンでつくられた原料となる物質が星の中で組み替えられ，基本的な力の作用で組み立てられたのだ．

　酸素が水素と化合して水分子になり，鉄が酸素と化合して酸化鉄になった．これらの複雑な化合物が原始惑星系円盤の中でつくられたことを，あなたは覚えているだろうか？　このような化学結合のプロセスは水やさびをつくって終了するものではなかった．生命体の成分もこの雲の中で合成されたのだ．

　生命体を最も基本的な成分に分解すると，タンパク質と核酸のような化学分子の集合体になる．タンパク質はアミノ酸からできており，アミノ酸は水素・酸素・炭素と窒素という4つの基本元素からできている．これらは星をつくったときと同じだ（他のどれとも結合を拒否していた不活性ヘリウムは除かれている）．DNA（細胞がどうはたらくのかを記載した二重らせん構造の化学的な暗号簿）とそのいとこのRNAを含む核酸は，最も基本的なレベルで，ヌクレオチドとよばれる核酸からできている．それぞれのヌクレオチドは3つの単純な元素からできている．「骨組み」となる炭素と，それにまといつく酸素と水素だ．そしてこの糖類の片側には酸素にリン原子がつながったリン酸基がくっついている．もう片方には，核酸塩基がつながっていて，ここは窒素・酸素・水素からできている．

　星によって料理される重元素のうち，酸素に次いで2番目に多いのは炭素だった．これは，宇宙にあるすべての恒星の95％が，十分な質量を持てず，炭素を燃やす段階にまでいたらなかったことが原因である（結果として，燃えずに残った多くの炭素が星の死とともに解放された）．酸素と同様に，炭素は熱狂的な接着主義者で，他の元素とくっつくのが大好きだ．また，炭素原子は互いにつながって化学的な背骨を構成し，長い鎖状の化合物をつくるという特技がある．他の原子や原子の鎖もつなぎ合わせて，複雑な有機分子を生み出す基盤を与えてくれる．

　天文学者たちは，星形成が起きている星雲に分光学を用いると，その中の浮遊物中に有機物（生命体のブロックのブロック）が検出できることを見つけている．実際，このような領域に，生命に不可欠な何百もの分子が検出されていて，その結果（タンパク質のブロックである）アミノ酸は普通に存在するようだ．

　おそらく惑星が形成される以前に，すでに生命体をつくるのに必要なすべての化合物が存在していたのだろう．そして，ほとんどのものは，惑星形成の過程で吸い寄せられ，地球をつくるちりや岩に吸収された．しかし，それらのすべてが惑星の金庫に格納されたわけではない．いくらかは，太陽系の惑星形成で食べ残しとして，彗星・流星・小惑星の氷核に取り込まれた．そして，地球が溶融していた灼熱の時代が過ぎずっと後になっ

てから，これらの生命体のもととなる物質が惑星の海へ投げ込まれたのだ．

現在でさえ，数百トンもの有機物が，彗星や小惑星のちりとして毎年地球へ届けられている．地球ができた頃には，このような衝突はもっと頻繁だった．数億年ほどの間に数十億トンもの生命体の化学的なブロックが届けられ，地球の海には生命が「出現」した．

構成成分が詰まったスープから，生命体がどのようにして単細胞生物として自己複製可能な微生物になりえたのか，という疑問はいまだ解明されていないミステリーだ．現在，熱のこもった論争が続いていることを強調しておこう．魅力的で簡単なアイデアのひとつは，月の重力が引き起こす絶え間ない潮の流れによって，生命体が出現した，というものだ．

水を加えてとろ火でゆっくりと

生命が出現した頃，月は今より地球に近かった（月はできてから少しずつ常に地球から遠ざかっている）．月の潮汐力は現在よりも大きく，初期の地球は今の1000倍の高さの潮の干満が発生していた．陸地のずっと奥まで海水が侵食していたのだ．

さらに，約40億年前の地球は今より速く自転していた．1日は6時間ほどしかなく，3時間ごとに巨大な津波が押し寄せたり引いたりしていたはずである．潮が引くときには有機物の分子を含んだ水たまりがあちこちに残っただろう．

しかし当時でさえ海は非常に大きく，数十億トンの有機物質といえども広く拡散し，分子どうしがつながって複雑な物質をつくることは不可能だった．そこで潮がつくる水たまりが重要になる．

底の浅い水たまりの水は太陽によって蒸発し，塩やミネラルや有機物が残される．ひっきりなしにやってくる潮のおかげで，水たまりには数時間おきに水が満たされ，再び蒸発する．このような水没と蒸発が何度もくり返されると，水たまりの水は次第に濃縮され，温かい化合物のスープになっていく．

太陽光によってもたらされるエネルギー，光，および潮の満ち引きが，化学反応を促進し，脂肪酸（炭素・酸素・水素原子の鎖）やタンパク質のようなこれまでになかった複雑な有機化合物をつくり出す．この原始のスープのいくらかは，水たまり周辺の粘土と岩石に生じているわずかな亀裂に浸出し，そこにあった撥水脂肪分子や（脂肪酸により構成されている）脂質と反応して泡をつくり，そこに有機化合物を蓄えることになる．脂質の泡すなわち細胞の内側では化学反応が続き，新たな分子を生み出し，それらを成長させ複製させるエネルギーを供給する．細胞が（化学反応で発生したエネルギーを利用して）代謝をし，成長し，複製するということだ．生命の基本的性質である．

化学反応が長く続くほど，複雑な化合物が合成される．DNA合成への道筋ができ，最終的には複雑な生命体へと続く．魚類や両生類，爬虫類，哺乳類，そしてあなたと私だ．

　あきらかにこれはほとんど理解されていないプロセスを大ざっぱに説明したにすぎないが，私が伝えたいのは，生命も星の瓦礫の山から自発的に出現できたというアイデアは，あながちありえないことではないということだ．

　私たちはエネルギーから粒子をつくった．宇宙の布地のしわを操って，銀河や星をつくった．これらの星を利用して私たちは化合物をつくった．そして化合物を使って惑星をつくり，その中に生命体をつくった．私たちの旅はほとんど完成だ．

　しかし，道具をしまって，やかんを火にかける前に，ちょっとだけ時間をとって，私たちがつくり上げたものがこの先どうなるのか，私たちの宇宙の運命にこの先何が待っているのかを見てみよう．

終わり…本当に？

ここでは浮気をして，次の話をしよう．宇宙のもうひとつの暗黒の側面について，すべての最期について，そして宇宙から特異点を切り取って多重宇宙をつくる話だ．

こ れまでにつくり上げた宇宙は驚きの連続だった（もちろん，あなたが正しく宇宙をつくっていて，いい加減にこしらえた時空のすきまに漂っている空白ページを眺めていないことを仮定して，の話だが）．何もなかったところから，私たちはすべてを築き上げ，本当に素晴らしいものができた……．これを破壊するなんてもってのほかだけど，ずっと未来にこの宇宙が死を迎えることを考えておかなければいけない．

打ち上げたものは落ちてくる

　それほど昔の話ではないが，天文学者たちは，宇宙はいつかは終わる運命にあると考えた．宇宙はおよそ140億年前に出現し，その中にある爆破された破片のように（または膨らんでくるカップケーキの表面についたチョコチップのように）ビッグバンによって広がってきた．

　爆風と同じく，初めに激しいエネルギーの波として急激に広がった後は，運動量を保ちながら，物質もエネルギーも球面状に外側に広がり続ける．

　ビッグバンの他にも，（星による）スモールバンがあった．こちらは，初めに持っていたエネルギーが爆風で広がるにつれて，拡散して冷えた．ビッグバン直後だと，宇宙の温度は，10万×10億×10億×10億℃だが，138億年も膨張を続けた現在の温度は，わずか−270.4℃以下の暖かさだ．

　だが，これまであなたを引っ張ってきた運動量もいずれは力尽きる．そうなれば，爆風は失速し，止まり，すべてのものは地球に向かって落下をはじめ，「上がるものは，必ず下がる」という昔ながらのことわざ通りの事態になる．

　宇宙も似たような運命をたどるという考えは，論理的な仮説として始まった．宇宙はこれまでどおりに膨張を続けるが，いつの日かビッグバンで与えた初期の運動量が力尽き，星や銀河は互いに離れるのを止める．そして，重力による作用に対抗するものが何もないために，すべてのものは互いに「落ち込み」始める．将来のある時点において，宇宙はビッグバンとはまったく逆の過程をたどり，ビッグクランチ（大収縮）ともいわれる一

点への崩壊を迎えるだろう．宇宙にあるすべての物質やエネルギーが無限の密度を持つ一点へ戻ってきた後には，もう一度宇宙は爆発すると考える人もいる．これが新しい宇宙だ．ビッグバウンス（大反跳）現象である．

じつに論理的で，じつに素晴らしい．宇宙がビッグバン，クランチ，バウンスといったサイクルで，永遠に再生をくり返すと考えるのは，じつに心地よい．だが残念なことに，この考えはまったく間違っていた，ということが最近判明した．

打ち上げたものはそのまま進む

1990年代，天文学者たちは，宇宙の遠い将来にそれほど興味を持っていなかった．現在の宇宙を解明することに比べたら，遠い将来の話は特に新しいことをもたらさないからだ．だが，2つの研究チームが遠方の超新星爆発の位置を測定してから，この状況は変わった．

彼らは，Ia型[※1]として知られる特別なタイプの超新星を探していた．宇宙膨張の歴史は，白色矮星（太陽のような恒星の高密度残骸）を少なくともひとつ含む連星系を多数調べることでたどることができる．白色矮星は，赤色巨星となったであろう相方の星の物質を吸い込み，自身の質量を増大させて不安定になり，最後には大爆発を起こす．

Ia型超新星は，明るさの予測が正確にできることで知られている．かつての天文学者がセファイド変光星を利用したように，宇宙の距離を測るものさしになるのだ．このため，Ia型超新星は，標準光源としても知られている．

2つのチームは，50個のIa型超新星を見つけ出し，本来の「予想される」明るさを計算して，本来想定される明るさではないことを発見した．私たちからゆっくりと遠ざかっていたときに予想される場所にはいなかったのだ．いい換えるなら，それらは思っていたよりも速いスピードで遠ざかっていた．このことは，宇宙膨張の運動量は次第にゆっくりとなっていくのではなく，宇宙膨張が加速していることを端的に意味していた．

この，これまでのパラダイムを改めざるを得ない結果が1998年に発表され，それ以降の観測結果では宇宙の加速膨張を確認しただけではなく，加速度も加速していること

200ページへ続く➡

※1 訳注：「いち・えー型」と読む．

◀ たくさんの銀河

ハッブル・エクストリーム・ディープ・フィールド (XDF) による画像である．この写真に写っている天体のほとんどすべてが，ひとつひとつの銀河（それぞれが1億個の恒星の家）であり，写真には5500個以上の銀河が含まれている．

この写真が宇宙全体を撮影したパノラマ写真だと思われるかもしれない．

しかし，そうではなく，ごく一部の狭い部分の写真である．

あなたの指の先に一粒の砂を置き，腕をいっぱいに伸ばしてそれを眺めたときに，砂粒が隠している面積に相当する．

もう少し天文用語を使っていえば，この写真で撮られているのは月の直径の14分の1でしかない……．空のごく小さな一部に，これほどたくさんの銀河が見えるのだ．

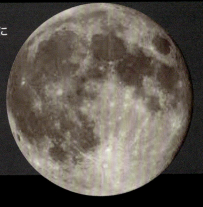

（月に比べて）この狭い範囲に多くの銀河が見られる．

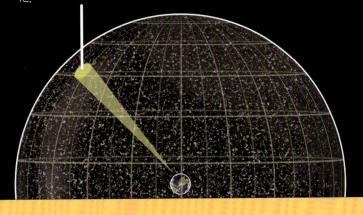

ハッブルXDFで観測できる最も遠い銀河は，132億光年先である．これが観測できる宇宙の端だ．

終わり…本当に？ 199

がわかってきた．ビッグクランチで宇宙が終わるのではなく，宇宙は永遠に膨張を続け，しかもその速度はずっと増加していくらしい．

　この現実がどのような結果をもたらすのか，大げさにいい表そうとしてもそれは難しい．この観測は常識をひっくり返しただけではない．怠け者の顔をひっぱたいて，蹴っ飛ばして，ピンクのチュチュとスキューバ・マスクをつけて，そいつを家に送り返したようなものだ．あなたが，ボールを空に向かって投げ上げることを想像してほしい．常識的には，そして物理法則にしたがうならば，ボールは次第に遅くなってあなたの手元へ再び落下してくることを期待するだろう．しかし，超新星爆発の観測結果はその逆で，打ち上げたボールはそのままどんどん速くなって，呆気にとられたあなたの顔を残し，あなたの家の天井を突き破って上昇し続け宇宙空間へ飛び出していくのだ．あなたはおそらく少しは驚くに違いない……．さて，「ボール」という単語を「すべての宇宙」に置き換えたシナリオにしたらどうだろう．天文学者たちがどういう印象を持ったかを感じてもらえると思う．

　もちろん，一度ショックを受けたとしても，学者たちは何が宇宙を加速させているのか，理由を究明しなければならなかった．私たちには見えない何物かが，万物を引き寄せる重力に反して宇宙を押し出しているのはあきらかだった．これまでに検出されていない何かが重力を打ち負かし，宇宙全体を支配しているようなのだ．

　1930年代に発見されたダークマターと同じく，この不可思議な反重力の源にも名前がつけられた．天文学者たちはまだそれが何かを議論している段階だが，ダークエネルギーとよぶことになった．しかし正体はいったい何なのだろうか．

アインシュタインの「人生最大の過ち」の名誉挽回

　アインシュタインは，自ら提唱した一般相対性理論を宇宙の構造に適用したとき，彼は自分の計算結果を疑った．その結果は重力が銀河を互いに引き込み，宇宙全体が収縮する，というものだったからだ．宇宙は静的で永遠のものという常識を持っていたアインシュタインは混乱した．そこで，彼は自分の方程式にもうひとつ項を追加した．宇宙スケールを考えたときに重力に反するはたらきをする力で，宇宙全体を安定にとどめておくものだ．彼は数学的に調整されたこの項を，宇宙定数（宇宙項）とよんだ．

　しかし，エドウィン・ハッブルが宇宙の鳩の群れに猫を放り込んで，宇宙は不変のものではなく，実際に膨張していることをあきらかにした．立腹したアインシュタインは彼の宇宙定数を投げ捨て，人生最大の過ちだと宣言し，宇宙定数はその後70年間忘れ去られることになった．

　そして1998年にダークエネルギーの亡霊がみにくい（が見えない）頭をもたげると，天

文学者たちはアインシュタインの定数が,医者が勧める反重力の薬だということに気がついた.つまり,銀河を跳ね返すはたらきをするものとして,宇宙定数を復活させたのだ.アインシュタインは誰もが考えるより70年も前に,ダークエネルギーの必要性を予言し,それを捨て去っていたことになる.

　ダークエネルギーは宇宙が「空っぽの」空間を持つことへの代償と考えることができる.これまでに見てきたように,空の空間（真空）といっても本当に何も存在しないものではなく,空間の体積中にはエネルギーが内在している.ビッグバン後の数十億年間は,宇宙には真空に頼らずとも「モノ」がたくさんあり,重力が支配的な力として君臨してきた.しかし時空の布地が膨張した結果,「モノ」どうしの距離が広がって,ダークエネルギーの影響が増してきたと考えることができる.

　宇宙が70億歳から80億歳の年齢になると,真空状態の影響が大きくなって重力に勝るようになる.ダークエネルギーは支配的な力になり,減速して止まろうとしていた宇宙膨張に運動量を注入した.これはビッグバンによるものではなく,ダークエネルギーによる今後ずっと続く効果なのだ.

　宇宙の重力はすでに錨を下ろしているので,もはや膨張を止めようという力はこれ以上はたらかない.事態を悪くさせるのは,ひとたびダークエネルギーが作用し始めると,もはや引き止めることができないことだ.空っぽの空間がつくり出されるとダークエネルギーが増え,ダークエネルギーは空間をさらにつくり出し,それらは再びダークエネルギーを生み出す（くり返し）.ひとたびダークエネルギー的な膨張が始まると,宇宙は永遠に加速し続ける運命になる.

ビッグフリーズ（大凍結）

　時空の膨張が加速すると,星や銀河はより速く引き離されていく.銀河は互いの距離を広げ,今からおよそ50億年以内に,銀河間の空間の膨張は互いの星からの光が届かないほどの距離になるだろう.

　地球からは（そのときにまだ私たちが地球にいたとして）,これまで私たちに多くのことを教えてくれた他の銀河がすべて夜空から消え,完全に見えなくなってしまうだろう.宇宙を研究する未来の文明人は,天の川銀河程度の大きさで重力的にかろうじて繋がっている星や銀河だけを観測することになり,（私たちがかつてそうだったように）私

206ページに続く ➡

観測できる宇宙の大きさはどれくらい？

「観測できる」宇宙とは，宇宙の中で地球から見ることができる範囲のことだ．宇宙にある天体のうち，その放つ光が地球にたどり着くことができるものは，宇宙全体の中でどれほどの範囲にあるのだろうか．

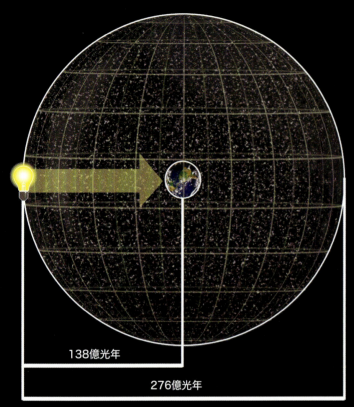

138億光年
276億光年

ちょっと考えただけだと，あきらかすぎて的を射ていない問題設定のように思える．

宇宙は138億歳で光よりも速く移動できるものはない．

最も遠方に見えるであろう天体は，光がこの時間ギリギリでに私たちにたどり着くことができるものである．

つまり，「観測できる宇宙」は138億光年彼方まで，ということになる．

したがって，観測可能な宇宙の半径は138億光年であり，直径は276億光年の球となる．

上記の答えは論理的だ．しかし，私たちは本書で何度も，宇宙はすべてが論理的ではないことを見てきた．観測される宇宙は実際にはもう少しだけ大きい……．

膨張する距離

1. 138億年前に光が地球に向けた旅を始める（その後90億年間，地球はまだ存在しないが）．

2. 光の速度で138億年後に私たちに届く．

3. しかし，光が放出されて以降，その天体は宇宙膨張により私たちからは遠ざかっている．

4. そのため，光が地球に届くまでのあいだ，光は138億年間旅をしてきたが，光を出した天体は480億光年先まで離れている．このため，現在私たちが観測できる宇宙のサイズは直径960億光年の宇宙である．

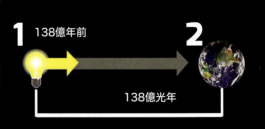

138億年前
138億光年

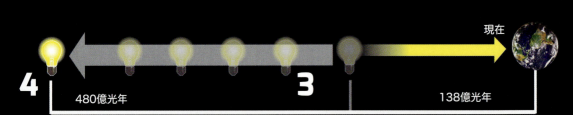

現在
480億光年
138億光年

138億光年前に光を出した物体は, もはや138億光年先にはいない.

宇宙が膨張しているため, 時空にあるすべてのものは互いに離れていく. 138億年にわたる膨張の結果, 当時は138億光年先にあった天体は今や480億光年先にある. そのため, 私たちから観測することができる宇宙のサイズは直径で960億光年になる.

もし, この観測可能な宇宙が地球サイズだとすれば, 私たちの青い惑星は, ひとつの原子の180分の1の大きさになる.

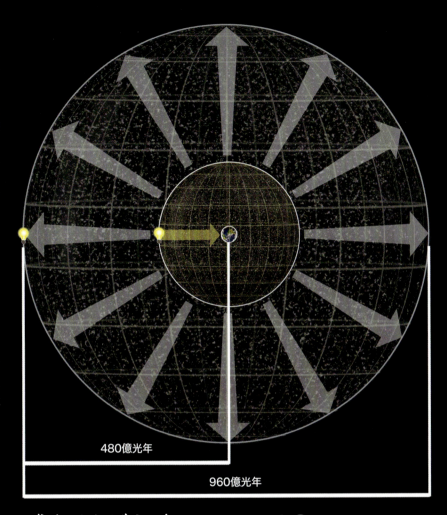

480億光年

960億光年

……そして残りはどうなっている?

私たちは観測可能な宇宙が, 宇宙全体からすればごく一部であることを知っている. しかし, 全体のスケールを正しく見積もることは, おそらく人間の理解の範囲を超えたものになる.

宇宙の残りの部分は, ただそのサイズを想像してみるだけだ. 結局, 観測することができなければ, 何も測ることができない……ただひとつ私たちが確実にいえるのは, 宇宙はこのように大きい……本当に本当に本当に大きいということだ.

警告：天文学の決まり文句
観測可能な宇宙には1000億個の銀河があり, それぞれが1000億個の恒星を持つ. すなわち, 観測可能な宇宙だけでも1万×100万×100万×100万個の恒星がある. この恒星の数は, 地球全体が持つ砂粒の数より多い.

重力の強敵……ダークエネルギー

現在の宇宙では，全体のエネルギーのほぼ70％がダークエネルギーである．ダークエネルギーは反重力的な力をおよぼし，宇宙に加速膨張を生じさせる．

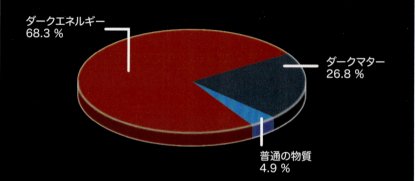

ダークエネルギー 68.3 %
ダークマター 26.8 %
普通の物質 4.9 %

ダークエネルギーは，アインシュタインの宇宙定数と同じものだと考えられている．反重力的なエネルギーで量子的真空から自発的に生まれ，時空が膨張してもその密度を一定に保つという性質を持つ．

あなたが，バター（ダークエネルギー）を塗った（時空の）食パンを1枚持っていたとしよう．パンを引きのばしても，バターは薄くならずに同じ厚さで広がっていく．バターの密度は変わらないが，狭い領域で見れば，全体のバターは増えていることになる．

ダークエネルギーはどうやって形勢を逆転したか

物質（通常物質とダークマターの両方）は，時空の布地の「表面」に分布している．宇宙が膨張すると，分布は広がって薄められる．宇宙が大きくなったとしても物質の総量は同じままだ．

しかし，ダークエネルギーは時空の布地に一様に（時間方向にも空間方向にも）分布しており，空間が広がれば，ダークエネルギーの総量はそれに応じて増えることになる．その密度は一定であるから，「空」の空間が増えればそれだけダークエネルギーも増加する．

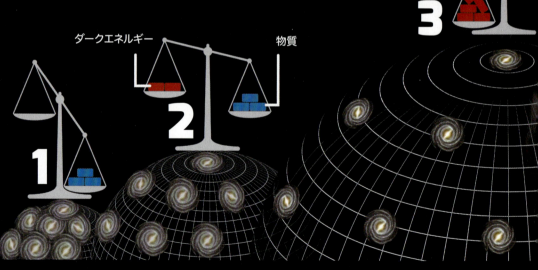

ダークエネルギー　物質

1. 宇宙がまだ非常に小さかった頃，すべての物質は密度が高くまとまっていて，「空っぽの空間」などそれほどなかった．そのためにダークエネルギーもそれほど存在しなかった．

2. しかし，宇宙が膨張すると，物質間に，空っぽの空間が増加する．しかし物質はまだダークエネルギーに対して「重量オーバー」であり重力が「大きなスケールで」支配的な力となっていた．

3. ビッグバンから70億年たち，空っぽの空間が物質間に広く存在するようになると，ダークエネルギーが物質の量を「凌駕」し始める．

ひとたびこうなると，ダークエネルギーは重力を抑えて反重力的な効果をもたらし，宇宙は加速膨張をする．

科学的に一致した意見は，ダークエネルギーの類のものが存在し，その密度は一定であるということだ．しかし，その他の場合を列挙しておくのも面白い．

ダークエネルギーが存在しない場合

重力が宇宙膨張を弱めて引き戻す……．最終的には宇宙はひとつの点に潰れるビッグクランチ（大収縮）になる．

一定のダークエネルギー

ダークエネルギーが支配し，宇宙は永遠に膨張を続ける．ダークエネルギーの割合は増加するが，密度は一定のままであり，宇宙膨張は一定の割合で増加する．

宇宙が熱的に死亡するかビッグチリ（大冷蔵）[※2]するまで物質はゆっくりと冷却する．

増加するダークエネルギー

ダークエネルギーに支配され，宇宙は永遠に膨張を続ける．しかし，ダークエネルギーの密度も増加し，宇宙は指数関数よりも速く膨張する．時空は激しく膨張するため，いずれ原子内の空間も広がる．物質が原子のレベルで引き裂かれるようなビッグリップ（大破壊）で宇宙は破綻する．

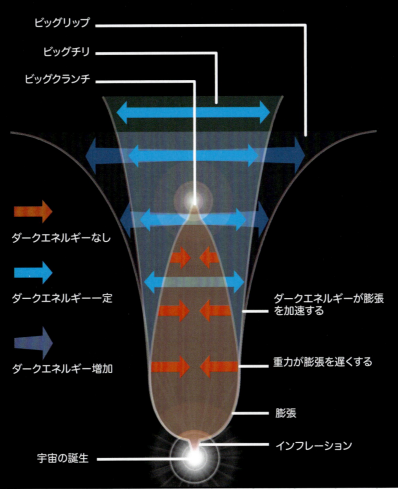

※2 訳注：ビック・フリーズと同じで「宇宙の低温死」を表す．低温になるのは「宇宙の熱死」と同じだが，それとは異なる概念である．

たちの銀河が宇宙のすべてである，と考えることになるだろう．宇宙マイクロ波背景放射（CMB）は失われ，銀河が後退していく証拠もない．未来人は宇宙は不変で永遠のものと結論するだろう．

　もちろん，彼らは間違っている．

　宇宙が膨張すると，その中に入っているエネルギーも広がって薄められ，空間はどんどん冷却する（もちろんダークエネルギーはそうではない）．最終的には，数兆年後には宇宙の温度は絶対零度（−273.15℃）になる．

　温度が原子の運動の度合いを表すことを，もしあなたが覚えているのなら，宇宙の温度計が絶対零度を示したときに（これ以上ない寒さだ），原子は（その構成物も含めて）動きを止め，物質は熱的な死亡状態になることがわかるだろう．

　最終的にはエントロピーが最大になると（エントロピーとは秩序を持った系が無秩序な系になっていく向きを表し，常に増えていく量である），宇宙は黒い星に満ちた不毛な空間となり，すべてが凍りついた世界になる．原子自身も崩壊し，歴史上はじめて宇宙が本当に空っぽになる．

多重宇宙の慰め

　人類にとって死は，愛する人を失った嘆きに満ちた，常にとても悲しい瞬間である．時として私たちは，自分たちの一部が子どもたちに宿るという考えや，身近な世界や人々に何らかの影響を与えるようなさまざまな考えに，慰めを求めようとする．しかし，宇宙の死に対しては，いったいどうやって慰めを得ることができようか？　確かに宇宙はすべてであり，宇宙が死んでしまったらすべてが失われる．誰も生きてはいけない．ジ・エンドである．

　しかし，もし，私たちの宇宙が唯一のものではないとするならどうだろう？　もし，私たちの宇宙が，無限に存在する組織の中の，単なる現実の要素のひとつにすぎないとしたら……，無限にある多重宇宙のほんのひとつのかけらだとしたら？

　直観に反しているように聞こえるが，物理学者の中には，すべてのものの一番初めとされたビッグバンは，じつはそうではなくて，単なるひとつの宇宙が親宇宙の子宮から産まれ出ただけだ，つまりもっと大きな多重宇宙の世界の中の子どものひとりだ，と考える人がいる．

ダークサイドを受け入れよ※3

あなたがダークエネルギーによって意気消沈しすぎる前に，何人かの物理学者が唱えている別の説を紹介するのも悪くない．宇宙を加速させているエネルギーは，ビッグバン以前の宇宙をインフレーション膨張させたものと同じだ，とする説だ．今日の宇宙をつくる大もとになったインフレーションが現在小規模に発生している，というのである．

※3 訳注：スターウォーズに出てくる言葉．

私たちの宇宙は数え切れないくらい存在する宇宙の中のひとつにすぎない，という考えは，(よくいって)途方もなく，(悪くいって)妄想といえるかもしれない．しかし，少し思い出してほしい．私たちはかつて，地球は唯一の星と考えていた．そして，私たちの太陽系は唯一の惑星系と考えていた．そして，私たちの銀河系は唯一の銀河だと考えていた……．これまでと同じように私たちの宇宙は唯一の宇宙だと信じ続けることはできるのだろうか？

そして，もし私たちの宇宙が「親」を持つのなら，私たちの宇宙も自分の子宇宙をどこかの空間に産めるのではないだろうか．

ブラックホールの子どもたち

あなたは覚えているだろうか？　質量とエネルギーが無限に集積する一点では私たちが理解している物理法則が存在せず，空間と時間とすべての基本的な力がひとつの原子サイズになることを．宇宙をつくるときに必要な原始的原子や特異点とよばれるひとつの点がすべてのものを含んでいたことを．

宇宙をつくってきた旅の途中で，とても似たようなことに出会ってきた．現在の物理法則では説明できない，空間と時間から離縁された，無限の密度の点が存在すること……．そして，その特異点は，ブラックホールの内部に隠されていること．ある理論によれば，私たちの宇宙はもしかしたらそのようなブラックホールから生まれたのかもしれない，という．私たちの宇宙にあるブラックホールも，それぞれ宇宙を創り出しているのかもしれない．

私たちがブラックホールをつくったとき，燃え尽きた星がコアの崩壊を起こして，最終的に，超巨大ブラックホールに到達する過程を追ってきた．しかし，重力崩壊が「無限の密度を持つ一点」で終わるのではなく，特異点が「跳ね返って」時空の布地に穴をあけるという可能性がある．そこから時空の新しいポケットが広がってビッグバンとなり，新たな宇宙が誕生する．

新しい宇宙は親宇宙の完璧なクローンにはならないし，物理法則もまったく同じにはならないだろう．重力はもしかしたら少し大きくて，星がすぐに形成されてしまって太陽

のような星になるには重すぎるかもしれない．あるいは逆に重力は弱くて，星そのものがまったく形成されないかもしれない．考えられる可能性（そして，それらからさらに形成される孫やそれに続く宇宙の結果）は無限にある．

泡宇宙を膨らませる真空

　この他いくつかある多重宇宙理論のひとつに，宇宙インフレーション（偽(ぎ)の真空によるインフレーション）から派生して考えられたものがあるが，これは若干へんてこである．この理論によれば，私たちの宇宙は偽真空として生まれた．ここでの偽真空とは，直観に反して，斥力となる反重力エネルギーで満たされた「無」である．偽真空の重力斥力は（つまりモノを外に押し出す作用は）とても強くて，初期宇宙ではインフレーションを引き起こした．偽の真空は膨張するにつれてエネルギーに変換されていくが，このことが逆に今日の宇宙を構成するような物質をもつくり上げた，と考えられる．

　偽の真空エネルギーは，ガスが部屋の中を充満していく様子とは違い，空間が広がったとしても「薄まり」はしないという奇怪な性質を持つ．そのために現在のバランスのとれた宇宙が得られた，というのだ．このインフレーションモデルによれば，宇宙全体はよくバランスがとれてはいても，局所的には物質密度の濃淡が（宇宙マイクロ波背景放射〔CMB〕に見られるように）生じている．高密度のところでは，物質は重力的に引力の効果を持ち，星や銀河が形成される．それに対して低密度のところでは，空間は新たな偽真空へと崩壊し，新しい宇宙のインフレーションを引き起こす．このように，宇宙をつくる無限の連鎖が泡に泡をつくり，そこへ泡をつくり……．

　このような説（他の多重宇宙理論を含めて）は，なぜ私たちの宇宙は知的生命体が出現するほどかくも完璧に仕立てられているのか，という宇宙論学者を悩ませていた数十年来の問題にひとつの解決法を与える．

　すべてが正しい割合で存在し，すべてが物理法則にきちんと合致していて，必然的に生命体が進化したのだ．

　これは，私たちが惑星について以前に抱えていたのと同じ問題だ．宇宙にただひとつある私たちの地球を注意深く見てみると，適した恒星から適した距離を保ち，適した大気を持ち，適した磁場を有している（などなど），地球は生命体を誕生させるのに完璧に「デザインされて」いる．もちろん私たちは，他にも数え切れないほどの惑星が存在して，条件が完璧にはそろわずに生命が存在していないことを知っている．私たちは，惑星宝くじの当選者だったわけだ．

へんてこ宇宙：一風変わった科学の側面から見えてくる奇妙な事実
多重宇宙のつくりかた

ここまで私たちは，星や銀河や惑星，そしておまけに生命ができるほど完璧に調整された素晴らしい宇宙をつくってきた．しかし，このような「完璧な」宇宙が無から生じる可能性は，いったいどれだけあるのだろうか？

もし私たちの宇宙が単なる無限にある多重宇宙のひとつにすぎないと考えたら？　無限の可能性がある多重宇宙では「完璧な」宇宙がひとつくらいできても別におかしくもない……．

ブラックホールの子どもたち

私たちの宇宙はひとつのブラックホールから生まれ，そして，私たちの宇宙にあるブラックホールも新しい宇宙をそれぞれつくり出している，とする理論がある．

1. 変哲もないブラックホールである．中心には1原子よりも小さな超凝縮した物質の粒があり，特異点とよばれている．

2. 標準理論によれば，空間と時間が激しくゆがめられ，特異点では時間の進み方が止まる．しかし，止まるのは私たちの宇宙の側だけだとしたらどうだろうか？

特異点への最終的な崩壊では，崩壊は「跳ね返って」時空の布地に穴をあけることも示唆されている．

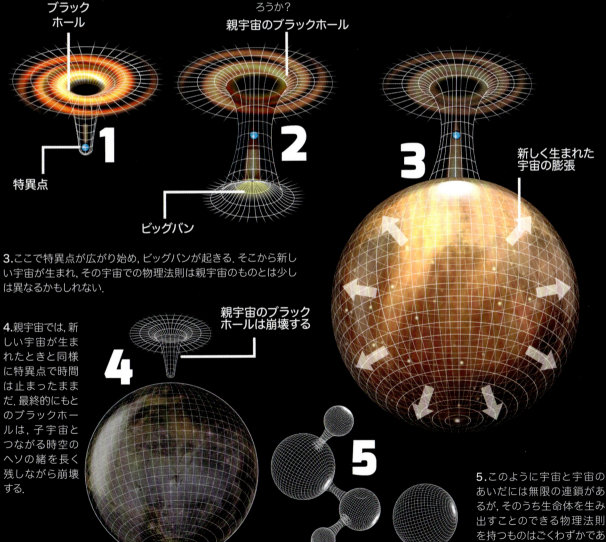

3. ここで特異点が広がり始め，ビッグバンが起きる．そこから新しい宇宙が生まれ，その宇宙での物理法則は親宇宙のものとは少しは異なるかもしれない．

4. 親宇宙では，新しい宇宙が生まれたときと同様に特異点で時間は止まったままだ．最終的にもとのブラックホールは，子宇宙とつながる時空のヘソの緒を長く残しながら崩壊する．

5. このように宇宙と宇宙のあいだには無限の連鎖があるが，そのうち生命体を生み出すことのできる物理法則を持つものはごくわずかであろう．

終わり…本当に？

泡宇宙を膨らます

この方法はこの本ですでに使った2つの概念 —— 宇宙インフレーションと真空のエネルギー —— を手際よく結びつけたものだ。宇宙インフレーションのアイデアから派生して考え出されたものだ。

私たちは，何もない空間（真空）が本当は何もないわけではないことを見てきた。量子泡のゆらぎはあたかも何もないところから，物質やエネルギーを出現させることができる。ダークエネルギーも真空のなせる技だ。

この本では，このような真空が反重力の斥力となって時空を膨らませることも見てきた。

「偽の真空」から得られるこうした特徴，つまり「物質とエネルギーが無から生じる」ことと「時空の膨張」を組み合わせると，多重宇宙をつくり出すことができる。

1. 陽子サイズの10億分の1の大きさの，偽の真空の種からスタートしよう。

2. 偽の真空は重力的に斥力をおよぼすため，そのまわりにある時空の「泡」が膨れ始める。

3. 真空のエネルギーは時空が膨張しても薄まらず，密度は一定に保たれる。そのため，宇宙の種のサイズが2倍になるとエネルギーも2倍になる（膨れ上がるエネルギーもそのまま2倍になる）。

4. このエネルギーは基本粒子（電子，クォークなど）のプラズマの混合物に変換するが，その密度は空間が膨張しても維持される。

エネルギーが凝縮して物質になる

若い宇宙

5. ここから先は，宇宙は通常のビッグバンモデルと同じように発展する。基本粒子が複雑な粒子へと進化し，星や銀河をつくる。

新しい宇宙の泡

6. しかし，ここに新たな展開がある。偽の真空は一様には減少せず，少しでも「残り物」の偽の真空があれば（たぶん本書のページの間に？），新しい宇宙の種となる「泡」をつくるのだ。そしてその新しい宇宙にある「残り物」の偽の真空が次の宇宙をつくり，そのまた新しい宇宙にある……。

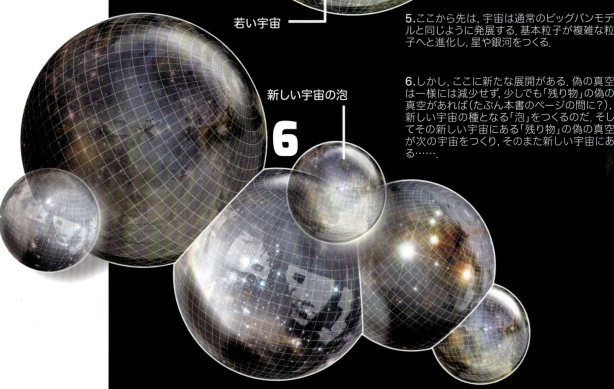

多重宇宙パンのスライス

(弦理論から派生した)M理論によれば,私たちの3次元宇宙はスライスされた食パンのような膜のようになっていることが示唆される.1枚のスライス(膜)の上には私たちの宇宙のすべての星や銀河があり,そして,その他のスライスにも何千もの別の宇宙が平行に存在している.宇宙は元々大きな1斤のパンだったが,隣に接している1枚にある宇宙のことさえ私たちには知ることができない.

重力は(他の基本的な力と比べて)非常に弱いが,この考えによりその理由が説明できると考えられている.つまり,重力だけはすべての宇宙パンを伝わることができ,同じスライス上では重力の効き目が他の力と比べて弱くなっている,という考えだ.

多重宇宙の考えは,同じように,私たちの「完璧な」宇宙についての問題を解決してくれる.地球が惑星宝くじに当たったように,私たちの宇宙も宇宙宝くじに当たったのだ.「完璧」にみえるのは,その条件のもとでこそ私たちの成長が許されたからで,完璧さのなせる技なのだ.他の数え切れないほどの宇宙では条件がそろわなかっただろう.

カードゲームにたとえてみよう.もしあなたが,トランプ1組の山の中から1枚を引いて,お望みのものを引き当てようとするならば,当たる確率は低いかもしれない.しかし,もしあなたがトランプ1組すべてを見て探し当ててよい,となれば,必ず発見できるだろう.多重宇宙論も同じである.物理法則の無限の組み合わせがあり,その中から生命体に適した宇宙が探し当てられたのだ.

多重宇宙を考えることは,無から生じてひとつの完璧な宇宙が生じたと考えるより,いろいろな意味で安心できる.そして,私たちの宇宙の最終的な死を考えるとき,私たちはひとりで死ぬわけではないのだと考えることはもっと安心できる.きっとどこかで,私たちとは違う膜宇宙で生まれた他の生命体が,次の問いかけに答えようとがんばっているはずだから.

「どうやって宇宙をつくる?」

おしまい

用語集

天の川銀河(Milky Way) 私たちの住む銀河．銀河系ともいう．2000億個の星があり，10万光年の大きさである．

暗黒エネルギー → ダークエネルギー

暗黒時代(dark age) 宇宙の再結合(晴れ上がり)期から第一世代の星が輝き始めるまでの時代のこと．観測の手掛かりがなく，どのように星形成が進んだのかも不明な点が多い．

暗黒物質 → ダークマター

インフレーション → 宇宙インフレーション

宇宙インフレーション(cosmic inflation) ビッグバン宇宙モデルを拡張したもので，宇宙の初期に急速な膨張を起こした後にビッグバンが起こる，というモデル．

宇宙の晴れ上がり → 再結合

宇宙マイクロ波背景放射(cosmic microwave background radiation, CMB) ビッグバンの「痕跡」として光る放射．ビッグバン後38万年のときに，晴れ上がりが生じて，光が初めて直進できるようになったときの放射光．全天からほぼ一様にマイクロ波の周波数で観測される．

M理論(M-theory) 時空が11次元だと考える超弦理論の流れを汲む理論．私たちのいる3次元空間と時間に7つの空間次元を加えた時空が基本となる．

エントロピー(entropy) 無秩序さを示す量．秩序よく並んだ系は本質的に不安定で，系が無秩序になるように物理現象が進む．

核融合(nuclear fusion) 熱核融合反応ともいう．星が輝くもとになる反応で，2個かそれ以上の原子核が1個のより重い原子核を合成する反応のこと．新たにできる原子核は，反応前の核子の総質量よりも軽く，「残り」の質量はエネルギーに変換される．

基本的な力(fundamental forces) 物質に作用する4つの力(強い核力，弱い核力，電磁気力，重力)のこと．これらの力の作用を粒子の交換によるものとして考え，その粒子を「力の媒介粒子」と名づける．

基本粒子(fundamental particle) → 素粒子

銀河 (galaxy) ガス，星，ちり，ダークマター

が重力によってまとまった1つの系を指し,数万光年から数百万光年の大きさに,数百億から数千億個の星を有する.多くの銀河の中心には超巨大ブラックホールがあると考えられている.

クエーサー(quasar) 非常に明るく活動的な銀河中心部のことで,物質が超巨大ブラックホールに飲み込まれるときの光がエネルギー源となっている.銀河が持つ星全体の明るさに匹敵するほど明るく輝き,太陽の1000億倍もの明るさになる.

クォーク(quark) 陽子や中性子などすべてのバリオンの中を構成する基本的な粒子.6種類あって,「アップ」「ダウン」「ストレンジ」「チャーム」「トップ」「ボトム」と名づけられている.

グルーオン(gluon) 強い核力を媒介する粒子(ボソン).

原子(atom) 「分割できない」を意味する古代ギリシャのatomosを語源とする.通常の物質の基本単位で,陽子と中性子からなる原子核と,そのまわりを取り囲む電子雲から成り立っている.

原子核(nucleus) 原子の中心部分にあり,陽子と中性子からできていて,原子の質量のほとんどを占める.そのまわりを電子雲が取り囲む.

元素合成(nucleosynthesis) 初期の宇宙,星のコア(中心部)あるいは超新星爆発における熱核融合反応で,軽い元素から順に重い元素がつくられてゆく過程.

光子(photon) 光の粒子のことで,電磁放射の最も小さな単位.電磁気力を媒介する粒子でもある.

光年(light year) 天文学者が使う距離の単位で,光が1年間に進む距離.9兆5000億km.

黒色矮星(black dwarf) 白色矮星が熱や光を出さなくなった状態の星.ただし,白色矮星の寿命は宇宙年齢(138億年)よりもずっと長いと考えられるので,現時点では黒色矮星は存在していないとされている.

再イオン化(reionization) 宇宙誕生から約10億年後,第一世代の星が形成され,宇宙の暗黒時代は終わる.このときの星の光は,強いエネルギーで周囲のガスの水素原子を陽子と電子に分離した(イオン化した).宇宙の晴れ上がりで結合した電子が再び分離したことから「再イオン化」とよぶ.再電離とも訳される.

再結合(recombination) 宇宙誕生から約38万年後,膨張によって3000℃に冷えた宇宙では,陽子と電子が結合して水素原子になり,電気的に中性になった.光子は酔歩状態から脱出して,直進できるようになり,「宇宙の晴れ上がり」とよばれる.

このときの光が, 現在−270℃のスペクトルで観測されている宇宙マイクロ波背景放射である.

質量(mass)　物体の中にある物質の量のこと. どれだけ重力が作用するかが決まる量. 重力の大きさで決まる重量と混同しないこと. (訳注:質量60kgの人の重量は地球では60kg重だが, 月面では10kg重になる.)

重力(gravity)　基本的な力の中では最も弱いが, 宇宙的なスケールで作用する唯一の力. アルベルト・アインシュタインは, 一般相対性理論において, 重力は大きな質量を持つ物体が周囲の時空をゆがませることが正体だ, と説明した. ニュートン力学では, 重力は質量の小さい物体が質量の大きい物体に引き寄せられる「引力」である.

酔歩(drunkard's walk)　宇宙初期(晴れ上がり期の前)や星の内部などの密度の高いプラズマ中で, 光子が移動する様子を表すのに使われる言葉. 高密度で高エネルギーの媒質中では光子は他の粒子から吸収や放出の影響を常に受け, 酔っ払い歩きのように直進できない状態になっている.

星雲(nebula)　ちりやガスの雲のこと. 「霧」や「雲」を意味するラテン語が由来. 星雲にはいくつか分類がある. たとえば, 惑星状星雲は, 一生を終えた星から放出されたちり残骸の雲である. 分子状星雲は新たな星形成を行えるほど密度の高いガスからできている.

青色巨星(blue giant)　太陽の何倍も大きな質量を持つ重くて高温の星のこと.

青方偏移(blue shift)　光を出す物体が観測者に向かって移動してくることによって発生するスペクトルのずれ. 近づくことで本来の光より波長が短くなり, 青色がかった光のスペクトルに変化する. アンドロメダ銀河は, 私たちの天の川銀河に接近中であることも, 星の青方偏移からわかった.

赤色巨星(red giant)　水素を使い切って次の重元素合成へ移った年老いた星. 星は高温で大きさも大きいが, 表面温度は低い(そのために赤くなる).

赤色矮星(red dwarf)　小さくて温度の低い星.

赤方偏移(red shift)　光を出す物体が観測者から離れて移動していくことによって発生するスペクトルのずれ. 遠ざかることで本来の光よりも波長が長くなり, 赤色がかった光のスペクトルに変化する. 遠方の銀河が赤方偏移していることの発見が, 宇宙膨張の証拠となった.

セファイド変光星(Cepheid variable)　明るさを周期的に変化させる星で, その周期と星の明るさが直接関係づいているため,

距離を測定するときに非常に強力な指標になる.「標準光源」とよばれる. 日本語ではケフェイド変光星とも書かれる.

素粒子(elementary particle)　基本粒子ともいわれる. バリオンやメソンと異なり, 小さな粒子の集合体としてできているものではなく, もうこれ以上に分割できない最小単位の粒子. 6種類のクォークや電子は素粒子の例である. ふつうは力の媒介粒子（ボソン）も素粒子として扱う.

ダークエネルギー(dark energy)　宇宙の全エネルギーの68.3%を占めている未知のエネルギーの形態. 宇宙膨張を加速するために, 反重力的な効果を与えるもの, と想定されている. 暗黒エネルギーとも訳されるが, ここでのダークは「正体不明」の意味である.

ダークマター(dark matter)　重力を通じてしか「通常の」物質, つまりバリオンと作用しない物体の不思議な形態. 直接観測することはできないが, 見えている物体や放射への重力の影響からその存在や特徴が確かめられている. 宇宙の全エネルギーの26.8%を占める. 見えないことから, 暗黒物質とも訳される.

多重宇宙(multiverse)　複数, または（潜在的に）無限の数の宇宙が私たちの宇宙の彼方に, あるいは平行に存在しているという宇宙のモデル.

力の媒介粒子(force carriers)　物質に基本的な力を作用させるはたらきをする粒子のこと. 光子やグルーオンなど. 力の運び屋, 伝達者.

中性子(neutron)　電気的な性質を持たない粒子で, 3つのクォークからできている. 陽子とともに原子核を構成する.

中性子星(neutron star)　ほとんど中性子でできた, 恒星の高密度のコアが崩壊して星として残ったもの. 太陽と同程度の質量を持つが, 大きな都市1つ分くらいの大きさしか持たない.

超巨大(supermassive)　（ブラックホールなど）質量が太陽の数百万倍以上を持つ天体に使われる用語（修飾語）.

超新星(supernova)　燃え尽きた星の最期の大爆発. I型とII型に分類される. I型超新星は, 白色矮星など星の残骸が劇的な崩壊を行うことによって引き起こされ, 熱核反応に点火し爆発する. II型超新星は, 質量の大きな星のコアが崩壊することで引き起こされ, 星の物質を衝撃波で宇宙に広くまき散らす.

強い核力(strong nuclear force)　基本的な力の中でも最も強いが, 短距離でしか効果がない. 陽子と中性子をつなぎとめておくはたらきをする. 強い核力の媒介粒子はグルーオンである.

定常宇宙モデル(steady-state theory)　ビッグバン理論のライバルとなった理論で, 宇宙は永遠に同じ膨張率を持ち, 始まりも終わりもない, と考える宇宙モデル.

電子(electron)　マイナスの電荷を持つ素粒子で, 原子の中で原子核を周回する.

電磁気力(electromagnetic force)　基本的な力の1つ. 電磁気力は電荷を持つすべての粒子に作用する. 力を媒介するのは光子である.

電磁波(electromagnetic radiation)　エネルギーの形態の1つで, 宇宙空間を電気と磁気の波として光速で伝わる. 可視光はスペクトルの単なる一部にすぎない. 高エネルギー側から順に(波長の短い側から順に), ガンマ線, X線, 紫外線, 可視光線, 赤外線, マイクロ波, 電波(短波, 中波, 長波)となる. ふつうは波として描かれるが, 光子の流れとも解釈される.

天文単位(Astronomical unit, AU)　天文学者が使う距離の単位で, 地球と太陽の平均的距離(1億4900万km)を1AUとする.

ニュートリノ(neutrino)　電気的に中性で, 非常に質量の小さな粒子. 素粒子の標準理論では3種類(電子ニュートリノ, ミューニュートリノ, タウニュートリノ)あると考えられている.

白色矮星(white dwarf)　質量がそれほど大きくなく, 炭素以上の核融合反応を引き起こせなかった星が冷却して残った高密度の天体. 太陽を含め, 多くの星が白色矮星になる.

波長(wavelength)　伝播する波や定在波の隣り合う山と山(谷と谷)の距離.

ハドロン(hadron)　2つあるいはそれ以上のクォークからできている粒子の総称. 3つのクォークからできているものをバリオン, 2つのクォークからできているものをメソン(中間子)という.

バリオン(baryon)　3つのクォークからできている粒子の総称. 陽子や中性子はバリオンである. 天文学者が「バリオン物質」というときは, 星・惑星・あなた・私をダークマターと区別するときである.

パルサー(pulsar)　極から高エネルギーのビームを放射しながら高速に回転する中性子星のこと. 発見当初は地球外知的生命体からの信号とも考えられた.

反物質(antimatter)　通常の物質の電気的な性質を反転させ, 他の性質をそのままにした鏡像関係にある物質のこと. たとえば, マイナスに帯電した電子の反物質は, プラスに帯電した陽電子(ポジトロン)である. 粒子が反粒子と出会うと2者は対消滅をして, すべての質量はエネルギーに変換される.

ビッグバン(big bang) 宇宙の始まりは非常に高温で高圧の火の玉状態だった,という宇宙モデル.宇宙マイクロ波背景放射の発見で確かめられた.ビッグバンの考えに反対していたフレッド・ホイルが揶揄して使った言葉が語源.

標準理論(standard model) 基本的な力のうち重力を除く3つの力と物質を構成する素粒子を統一する物理理論.

フェルミオン(fermion) クォークやレプトンなど素粒子や,陽子・中性子を含むバリオンやメソン(中間子)などの複合粒子で構成されるグループの総称.また,そのグループに属する粒子のよび名.

不確定性原理(uncertainty principle) ヴェルナー・ハイゼンベルクが提唱した原理で,粒子の厳密な位置と運動量は同時に測定することができない,とするもの.どちらかを正確に知ろうとすれば,他方の不正確性が増してしまう.

ブラックホール(black hole) 質量の大きな天体が周囲の時空のゆがみを極端に大きくしたため,重力によって光さえも脱出できなくなった空間領域のこと.多くの銀河系は中心に(太陽質量の数百万倍の)超巨大ブラックホールを持っている.

プランク長(Planck length) 現在の物理学では扱うことができない,これ以上細分化できないほど小さな長さ(の単位).

星のゆりかご(stellar nursery) 星の誕生と成長が行われている高密度ガスの領域.

ボソン(boson) 「力の媒介粒子」ともよばれ,基本的な力と物質の間の作用を受け持つ「メッセンジャー」粒子.

メソン(meson) ボソンの1つのグループで,2つのクォークからできている粒子.中間子ともよばれる.

陽子(proton) 3つのクォークからできているプラスの電荷を持つ粒子.中性子とともに原子核を構成する.

弱い核力(weak nuclear force) 基本的な力のうち,2番目に弱い力.放射性原子核の崩壊の原因となり,力の媒介は,Wボソン,Zボソンが行う.4つの基本的な力のうち,最も短距離でしかはたらかない.

レプトン(lepton) 電子やニュートリノを含む粒子のグループ.

索引

アインシュタイン, アルベルト 61, 69, 102
　　一般相対性理論 13, 82-84, 86, 134, 150
　　　　宇宙定数 200, 201
　　時間 150
　　統一場理論 82
　　特殊相対性理論 40, 84
　　と原始的原子 17
　　と時空 66
　　と質量 79
　　と重力 81-87
　　とブラックホール 134, 135
天の川銀河 10, 12-13, 26, 153, 156, 157-159
　　と膨張宇宙 206
　　にある超巨大ブラックホール 153, 156, 157, 159
　　の年齢と名前 141
アミノ酸 191
アルファ粒子 59
暗黒時代 51, 92-96, 107
アンドロメダ銀河 26-28, 157

ウィルソン, ロバート 46, 47
ウォルフ・ライエ星 144
渦巻銀河 140
宇宙 30-51
　　新しい特徴のない宇宙 90
　　暗黒時代 51, 92-96, 107
　　宇宙には中心がない 32
　　観測可能な宇宙のサイズ 202, 203
　　基本的な力 70-87
　　原始的原子理論 16, 17
　　測定 18-28
　　ダークエネルギー 200, 201, 204, 205, 207
　　定常宇宙論 17
　　とエントロピー 48, 49
　　と原始銀河 91-93, 97
　　と多重宇宙論 206-211
　　とビッグバン理論 17, 18
　　と物質
　　　　エネルギーの絞りによる物質生成 69
　　　　ダークマター 94-96
　　　　の非一様な分布 47, 90, 91
　　の運命 196-211
　　の誕生 32-51
　　　　再結合(晴れ上がり)期 42-49, 93, 106
　　　　輻射優勢期 40, 41
　　　　物質と反物質 36-39
　　　　量子泡 50, 51

　　の年齢 28, 48-50
　　分離の時代 106, 107
　　膨張宇宙 11, 13-17, 90, 92, 197-200
　　ダークエネルギー 200, 201, 204, 205
宇宙インフレーション 35, 43, 46, 49, 51
宇宙定数 13
宇宙マイクロ波背景放射 (CMB) 17, 18, 35, 42-45
　　と宇宙インフレーション 46, 49
　　と温度 48, 49
　　と膨張宇宙 206
　　と量子泡 50, 51
　　の発見 46, 47
　　のゆらぎ 158
ウラン 119, 121, 180

X線 154
エディントン, アーサー 86
エネルギー 69, 75, 110
　　と原始星 102-104
　　と地球のコア 180
　　とブラックホール 149, 151
　　と膨張宇宙 206
M理論 84, 85, 211
エントロピー 48, 49, 206

黄色矮星 112
おとめ座銀河団 157
オールトの雲 189

海王星 170, 185, 188
ガイガー, ハンス 56
カイパーベルト 167, 188
核酸 191
核融合 39, 40, 75
　　と原始星 102-104
確率の雲 61, 68
火山 180
ガス雲
　　と原始銀河 92, 93, 97-99
　　とダークマター 94
火星 178, 181, 182
　　の視差測定 20, 21
仮想光子 76
仮想粒子 66, 67, 81
カッシーニ, ジョバンニ 21
褐色矮星 112, 113
かに星雲 127
ガモフ, ジョージ 17, 47
カリーナ星雲 163
ガリレオ・ガリレイ 10

偽真空インフレーション 208, 210
基本的な力 60, 72-87, 91
　　→電磁気力, 重力, 強い核力, 弱い核力も
　　　見よ
　　ヒッグス場 72, 78-81
逆2乗則 24, 26
　　と重力 77, 87, 150
局所銀河群 157
極超巨星 112, 113
巨大ガス惑星 167, 170, 184-188
巨大氷惑星 170, 185, 188
銀河 10, 11, 13-17, 48, 72
　　→ブラックホール, 天の川銀河, 原始銀河も
　　　見よ
　　クエーサー 145, 152, 155
　　測定 24-28
　　中心部 139
　　と宇宙の運命 201-206
　　と観測できる宇宙 203
　　とダークマター 96, 99
　　とハッブル・エクストリーム・ディープフィールド
　　　(XDF) 198, 199
　　とブラックホール 134, 135
　　の合体 136, 138-140
　　の分類 140
　　はじめにできた 38
銀河間星 136
金星 182

クエーサー 145, 152-155
クォーク 37, 38, 60, 62, 63
　　と基本的な力 72
　　とヒッグス場 78-81
蜘蛛の巣銀河 138
グラビトン 62, 78
グルーオン 62, 63, 74, 81
クーロン障壁 100, 101

原子 34, 52-69
　　→水素, ヘリウムも見よ
　　安定な 39, 42, 51
　　宇宙の誕生 37, 39, 41, 42
　　原始的原子の理論 16, 17, 207
　　炭素 191
　　と宇宙の温度 206
　　と中性子星 123
　　と電磁気力 77
　　と量子力学 61-69
　　と惑星形成 171-175
　　のモデル 56-61
　　放射性崩壊 75
　　見えない原子 54, 55
原子核 34, 37, 41, 56, 57, 62
　　と基本的な力 72, 73, 76
　　分割 59, 60
原始銀河系 91-93, 97-99, 136
　　とブラックホール 142-144
原始星 97-105, 167
原始星ガス雲 99-105

原始的原子理論 16, 17, 207
原始惑星系円盤 166, 167, 171, 174-177
　　岩石惑星 171, 174-177
　　巨大ガス惑星 186, 188
元素
　　→重元素も見よ
　　宇宙の最初の 40, 110
　　原子量 115
　　合成 114-123, 127, 128
　　周期表 55, 59
　　と原子 54, 55
　　放射性 180
ケンタウルス A 154
ケンタウルス座プロキシマ星 22
弦理論 85, 211
光子 62, 79, 106
　　宇宙の誕生 36-39, 43, 44
　　仮想の 76
　　太陽と酔歩 40, 41, 168
　　と重力 83, 87
　　と水素分子 98, 99
　　と電磁気力 76, 77
　　偏極した 35
光年 26, 42
　　と観測可能な宇宙 202, 203
小型惑星 167, 186
黒色矮星 112, 113
古代ギリシャ 10, 54, 141
ゴールド, トーマス 17
コーン星雲 164

再結合(宇宙の晴れ上がり)期 42-49, 93, 106
座標系の引きずり効果 148, 151
三原子水素 97-99
3次元の世界 85
酸素 110, 119, 191
　　と惑星形成 172-174

CNOサイクル 119
CMB　→宇宙マイクロ波背景放射を見よ
紫外線 154, 155
時間 16, 17
　　→時空も見よ
　　アインシュタインの 150
　　と光 42, 43
時間を旅する電子 66, 67
磁気圏 181
時空 66, 110
　　と新しい宇宙 88
　　と重力 84, 85, 87, 91
　　　のゴムシートによる類推 83
　　とダークエネルギー 201, 204, 205
　　と多重宇宙理論 208, 210
　　とブラックホール 129-131, 134, 146-
　　　149
　　　タイムマシーンとしての 150, 151
　　　多重宇宙理論 208
　　と量子泡 50, 51

の加速膨張　201-206
視差測定　19-23
事象の地平面　129-131, 146-149, 151
　　　→特異点も見よ
　　　磁場　149, 151, 152
　　　超巨大ブラックホール　135, 141, 142
　　　　　と天の川銀河　153, 156, 157, 159
　　　　　とクエーサー　145, 152, 153
　　　と銀河　134, 135
　　　と時空　129-131, 134, 146-149
　　　　　とタイムトラベル　150
　　　と重力　129-131, 145, 146
　　　と多重宇宙理論　207-209
質量　79, 84
　　　原子量　115
　　　とエネルギー　102, 103
　　　と重力　77, 78, 84-87
　　　とヒッグス場　78-81
　　　星の　104, 112
ジプロトン　100
脂肪酸　193
周期表　55, 59
重元素　104, 110, 111
　　　と太陽系　162, 170
　　　　　惑星形成　172, 173
　　　の合成　114-123, 127, 128
重水素　39, 41, 100-102, 110
重力　34, 72, 77, 78, 81-87
　　　と宇宙の食パン　211
　　　と核融合　104, 116
　　　と銀河の合体　136
　　　と原始銀河　92, 93, 97
　　　と元素合成　114, 116, 117
　　　と時空　84, 85, 87, 91
　　　　　のゴムシートの類推　83
　　　と水素核融合　114
　　　と第一世代の星　111
　　　とタイムトラベル　150
　　　とダークエネルギー　200, 201
　　　とダークマター　94
　　　と多重宇宙理論　208
　　　とブラックホール　129-131, 145, 146
　　　と星の死　118
　　　と余剰次元　85
　　　と惑星形成　171, 175, 177
　　　重力の井戸　87
　　　重力波　35
　　　重力不安定モデル　188
　　　重力レンズ　95
シュレーディンガー, エルヴィン　61, 68
シュワルツシルド, カール　147
小惑星　178, 182, 188, 191
小惑星帯　167, 182

水星　182
彗星　11, 167, 170, 192
水素
　　　宇宙の誕生　39, 41, 42

核融合　102, 103, 114
原子　39, 41, 97, 98
　　　と暗黒時代の終わり　107
　　　と原始星　99, 100
　　　と重元素　110, 111
　　　とビッグバン　39, 90
　　　と膨張宇宙　92
　　　と惑星形成　172-175
原子核　39, 40
三原子水素　97-99
第一世代の星形成　111
　　　と巨大ガス惑星　184-188
酔歩　40, 41, 168
スターウォーズ（映画）　72

星雲
　　　と太陽系　162-167
生命体
　　　地球の　189-193, 211
　　　と多重宇宙理論　208, 211
赤外線　154
赤色巨星　113, 120
赤色矮星　112
Zボソン　62, 63, 75
セファイドのものさし　23-26

素粒子　62, 63, 78
　　　と質量　78, 79
素粒子物理学の標準理論　60-63, 68
　　　と基本的な力　72, 78, 79
　　　と重力　78, 85

太陽　12, 17
　　　形成　166
　　　コア　168
　　　光球　169
　　　光子と酔歩　40, 41, 168
　　　コロナ　169
　　　大気　169
　　　太陽からの光　40, 43
　　　対流ゾーン　169
　　　と天の川銀河　153, 159
　　　と岩石惑星　177
　　　とコロナ質量放出（CME）　169
　　　と重力　86, 87
　　　と太陽系　166-170
　　　と地球　10, 40, 43, 48, 178
　　　　　距離の測定　21, 22
　　　　　太陽の最期　190
　　　と弱い核力　75
　　　放射ゾーン　168
　　　星の寿命　111, 117
太陽型恒星　112
太陽系　10, 28, 159, 162-193
　　　→地球, 惑星も見よ
　　　カイパーベルト　167, 188
　　　形成　11, 39, 162-170
　　　小惑星帯　167, 182

と天の川銀河 156
と重力 87
と星雲 162-167
と太陽 166-170
太陽風 177, 181
タウ粒子 60, 62
楕円銀河 140
ダークエネルギー 50, 200, 201, 204, 205, 207
ダークマター 10, 50, 94-97
　　と原子銀河 98, 99
　　とダークエネルギー 204
　　とブラックホール 142, 144
　　分布 158
多重宇宙論 206-211
　　宇宙のつくり方 209
　　とブラックホール 207-209
　　偽の真空のインフレーション 208, 210
Wボソン 62, 63, 74, 75
ダルトン, ジョン 54, 55
炭素 110, 123, 191
　　核融合 115
炭素12原子核 114, 115
炭素14原子 74
タンパク質 191

地球 170, 182, 183, 192
　　形成 171-184
　　コア 178-184
　　大気と海 178, 184
　　と電磁気力 173, 174, 176, 177
　　と太陽 10, 40, 43, 48, 178
　　　距離の測定 21, 22
　　　太陽の終わり 190
　　の生命体 189-193, 211
　　の年齢 27
地震 179
窒素 110
チャドウィック, ジェームズ 59, 60
中性子 59, 60, 81
　　と基本的な力 72-75
　　とクォーク 37, 38, 62
　　と星 102, 118, 120, 121
中性子星 84, 113, 123, 128
　　とパルサー 112, 126, 127
　　とブラックホール 129, 130
　　の衝突（合体） 125-128
超巨星 112, 120
超巨大ブラックホール 135, 141, 142
　　の形成 141, 142, 144, 145
超新星（爆発） 112, 113, 118, 125, 128
　　残骸 122, 123, 127
　　と宇宙膨張 197-200

通常物質 50
2ミクロン・オール・スカイ・サーベイ（2MASS）実験 158
月 10, 182, 183

と視差移動 20
と地球の生命体 192
の年齢 26
ツビッキー, フリッツ 96
強い核力 34, 60, 72-75, 77
　　とクォーク 37
　　と原始星 102

DNA 191, 193
ディッケ, ロバート 47
ディラック, ポール 61
鉄 110, 117, 118, 120, 123, 124
　　と地球のコア 180
　　と中性子星 123, 124
デモクリトス 54, 55
テレビ
　　とビッグバン 49
電子 34, 41, 56, 58, 60
　　イオン化 100
　　宇宙の誕生 35-39
　　確率の雲 61, 68
　　仮想的な 67
　　素粒子としての 62
　　タイムトラベルする 66, 67
　　とアインシュタインの重力 82
　　と基本的な力 74-77
　　と原始星のガス 100
　　と質量 78-80
電磁気力 34, 35, 60, 72-77
　　電磁スペクトル 45
　　とクーロン障壁 100, 101
　　と原始星 102
　　と重力 82, 85
　　とダークマター 96
　　と惑星形成 174-176
天王星 170, 185, 188
電波 155
天文単位（AU） 21, 22, 26

同位体 115
統一場理論 82
特異点 129-131, 147
　　と多重宇宙理論 207, 209
土星 185-188
ド・ブロイ, ルイ 61
トムソン, JJ 55, 56
トリプルアルファ反応 114

波と粒子の二重性 65
二重スリット実験 64, 65
ニュートリノ 102, 103
ニュートン, アイザック 57, 84, 96

熱核プラズマ 110

バイセップ2実験（BICEP2） 35
ハイゼンベルク, ヴェルナー 61, 65, 66
パウリ, ヴォルフガング 61

索引 221

ハギンズ, ウィリアム 12, 23
白色矮星 113, 118, 197
ハーシェル, ウィリアム 12
ハッブル宇宙望遠鏡 123, 127, 137
ハッブル・エクストリーム・ディープ・フィールド
　　(XDF) 198, 199
ハッブル, エドウィン 13-15, 26, 27, 140, 200
ハッブルの法則 15, 26, 27
バーデ, ウォルター 27, 28
ハドロン 62, 63
ハリオット, トーマス 10
バリオン 62, 63
パルサー 112, 126, 127
反クォーク 63, 81
反物質 36, 38, 39, 60, 63
反ボソン 63

ピウス12世, ローマ教皇 17
光
　　→宇宙マイクロ波背景放射, 光子も見よ
　　害 28
　　と宇宙 42-45, 48, 49
　　　　ブラックホール 129, 130
　　　　分離の時代 106
　　と仮想電子 67
　　と重力 86, 87
　　の速さ 26, 40, 47, 84
　　　　と時間 150
　　　　と質量 79
　　　　とブラックホール 147, 148, 151
ヒッグス場 72, 78-81
ヒッグス・ボソン 62, 63, 78-81
ビッグバン
　　と宇宙の運命 196, 197
　　と宇宙のはじまり 32-39
　　と再イオン化の時代 107
　　と多重宇宙理論 207-210
　　と星形成 94
　　とラージ・ハドロン・コライダー 69
　　と量子力学 68
　　の指紋 158
　　のもととなった理論 10-29
　　ビックバンの前 16
B-モード偏極 35

ファインマン, リチャード 61, 65, 66
フェルミ, エンリコ 61
フェルミオン 62, 63
不確定性原理 46, 50, 61, 65, 66
不規則銀河 140
輻射優勢期 40-42
物質 36, 38, 39, 50
　　→ダークマターも見よ
　　素粒子 63
　　とエネルギー 69, 110
　　と原始銀河 99
　　の死 206
　　の非一様な分布 47, 90, 91
プラズマ 39-41, 51, 166

熱核プラズマ 110
ブラックホール 112, 113, 127-131
　　降着円盤 146, 148
ブラッドリー, ジェームズ 26
プランク, マックス 50, 58, 61
プランク期 33, 38
プランク長 50, 58

ベッセル, フリードリッヒ 26
ヘリウム
　　原子 39, 41, 90, 107, 110
　　と惑星形成 172
　　原子核 39, 102, 103
　　と巨大ガス惑星 184-186
　　融合 114, 115, 118
ベリリウム8　原子核 114, 115
ヘルツシュプルング=ラッセル図 23
ペンギン銀河 137
ペンジアス, アーノ 46, 47

ボーア, ニールス 57, 58, 61, 65, 82
ホイル, フレッド 17, 114, 115
ボイル, ロバート 54
望遠鏡 10, 18
　　40フィート望遠鏡 12
　　とクエーサー 154, 155
　　ハッブル宇宙望遠鏡 123, 127, 137
　　フッカー望遠鏡 27-29
　　プランク宇宙望遠鏡 50
　　ラージ・ホーン・アンテナ 46, 47
放射 57, 58
　　中性の 59, 60
放射性崩壊 74, 75
星 10, 17, 47, 110-131
　　→中性子星, 太陽も見よ
　　からの光と時間 42, 43
　　巨星 144
　　銀河間星 136
　　原始星 97-105, 167
　　元素合成 114-123, 127, 128
　　次世代の星形成 128
　　セファイド 25-28
　　測定 21-26
　　第一世代の星形成 38, 44, 90, 166
　　超高速 156
　　と宇宙の運命 201
　　と観測可能な宇宙 203
　　と重力 85
　　と太陽系 165, 166
　　とブラックホール 142
　　と膨張宇宙 11
　　と弱い核力 75
　　熱核融合 117
　　の明るさ 23
　　の一生(輪廻) 112, 113
　　の一生の予測 111, 112
　　の色 23, 103, 105
　　のサイズ 169
　　　　第一世代の星 104, 105, 128

　　　　の死　117-123, 128
　　　　の名前　122
　　　　連星系　105
ボソン　62, 63, 72, 74, 75
　　→ヒッグスボソンも見よ
ボンディ, ヘルマン　17

マクスウェル, ジェームズ　57
マースデン, アーネスト　56

水
　　　　潮汐と地球の生命体　192, 193
　　　　と惑星形成　170, 173, 176
ミュー粒子　60, 62

冥王星　170
メシエ, シャルル　10-13, 26
メンデレーエフ, ドミトリ　54, 55

木星　185, 186, 188

有機化合物　191-193

陽子　34, 41, 56, 57, 69
　　　　質量　81
　　　　とアインシュタインの重力　82
　　　　と基本的な力　72-77
　　　　とクォーク　37, 38, 62
　　　　と原始星　100-103
　　　　と中性子　59, 60
　　　　とプラズマ　39-41
　　　　陽子-陽子連鎖反応（ppチェイン）　102, 114, 116, 119
弱い核力　34, 60, 72, 74, 75, 79

ラザフォード, エルンスト　56-58, 60

ラージ・ハドロン・コライダー (LHC)　37, 69, 79, 149, 151
ラッセル, ヘンリー　23
ラボアジエ, アントワーヌ　54

リシェ, ジャン　21
リチウム　41, 91, 110, 128
リービット, ヘンリエッタ　25
粒子　68
　　→ボソンも見よ
　　　　仮想粒子　66, 67, 81
　　　　質量とヒッグス場　78-81
　　　　素粒子　62, 63, 78, 79
　　　　素粒子の標準理論　60-63, 68
　　　　とエネルギー　69
　　　　と原子のモデル　56-61
　　　　波と粒子の二重性　65
　　　　二重スリット実験　64, 65
量子泡　50, 51, 66, 67, 110
量子トンネル　100, 101

ルメートル, ジョルジュ　13, 16, 17

レプトン　62, 63
レンズ状銀河　140

惑星
　　　　岩石惑星　171-184
　　　　巨大ガス惑星　167, 170, 184-188
　　　　巨大氷惑星　170, 185, 189
　　　　形成　166, 167, 171-189
　　　　原始惑星系円盤　166, 167, 171, 172, 176, 177
　　　　測定　20
　　　　と重力　83
惑星状星雲　113, 122, 123

著者について

ベン・ギリランド(Ben Gilliland)は, さまざまな受賞歴のあるサイエンス・ライターかつイラストレータで, いつも両方を手掛けた仕事をしている. 2005年に, イギリスのメトロ・ニュース紙のメトロコスモ科学欄への執筆をはじめ, ジャーナリストへ科学を説明した経験から, この道を邁進することになった. 現在, この路線で生活できていることに, 本人自身が驚いている.

著者の謝辞

(順に関係なく)感謝する人々を列挙する. 私を産んでくれ, 人生を通して学ぶことの素晴らしさを教えてくれた両親のアランとポーリーン. 忍耐強くサポートしてくれた愛らしい妻のシャルロット. 私を育ててくれた(ほどでもないが)娘のジャスミン. 役立たずの科学解説ページを描いてくれたグラフィック編集のケニー・キャンベル. 細かい誤植を見つけてくれたデーブ・モンク. 疲れずにサポートを続けてくれたヘザー・マックラエ.

翻訳者について

真貝寿明(しんかいひさあき)と鳥居隆(とりいたかし)は, どちらも早稲田大学大学院で一般相対性理論の理論研究で学位を取った後, あちこちで研究者の武者修行をして, 現在どちらも偶然同じ大阪工業大学で教鞭をとっている. どちらも家族がいて, 犬がいて, 本業の忙しさに疲弊しながらも, 自分のやりたい仕事をなんとか続けていることに, 本人たち自身が驚いている.

宇宙のつくり方

平成 28 年 12 月 25 日 発行

訳者　真貝寿明
　　　鳥居　隆

発行者　池田和博

発行所　丸善出版株式会社
〒101-0051 東京都千代田区神田神保町二丁目17番
編集：電話 (03) 3512-3265／FAX (03) 3512-3272
営業：電話 (03) 3512-3256／FAX (03) 3512-3270
http://pub.maruzen.co.jp/

© Hisaaki Shinkai, Takashi Torii, 2016

組版・富士美術印刷株式会社

ISBN 978-4-621-30050-3　C0044　Printed and bound in China

本書の無断複写は著作権法上での例外を除き禁じられています.